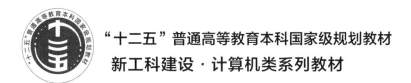

"十二五"普通高等教育本科国家级规划教材

新工科建设·计算机类系列教材

实用软件工程
实践教程

（第5版）

◆ 赵池龙　程努华　姜　晔　编著

电子工业出版社

Publishing House of Electronics Industry

北京·BEIJING

内 容 简 介

本书为"十二五"普通高等教育本科国家级规划教材。本书是一本自主创新的软件工程实践教材，其内容包括：软件开发与管理全过程，数据库设计的最新理论与模式，PowerDesigner数据库建模实践指南，最新CASE工具ProcessOn在线建模实践指南，需求分析与UML建模，软件设计与UML建模，以及软件项目的立项、需求、设计、实现、测试、运行。

本书偏重软件工程实战训练，强调培养动手能力，要求读者掌握建模理论，学会CASE工具操作，将建模理论与CASE工具相结合，从而对开发软件项目逐渐做到得心应手。本书提供电子课件、文档制作参考模板、思考题参考答案和软件项目的程序源代码。

本书是软件工程和计算机相关专业本科生"软件工程实践"课程的教材，也适合研究生和IT企业软件开发人员作为参考书使用。

图书在版编目（CIP）数据

实用软件工程实践教程 / 赵池龙，程努华，姜晔编著. —5 版. —北京：电子工业出版社，2020.4

ISBN 978-7-121-37627-6

Ⅰ. ① 实…　Ⅱ. ① 赵…② 程…③ 姜…　Ⅲ. ① 软件工程—高等学校—教材　Ⅳ. ① TP311.5

中国版本图书馆 CIP 数据核字（2019）第 220457 号

责任编辑：章海涛

印　　刷：三河市双峰印刷装订有限公司

装　　订：三河市双峰印刷装订有限公司

出版发行：电子工业出版社

　　　　　北京市海淀区万寿路 173 信箱　　邮编：100036

开　　本：787×1092　1/16　　印张：13.5　　字数：346 千字

版　　次：2007 年 1 月第 1 版

　　　　　2020 年 4 月第 5 版

印　　次：2021 年 3 月第 2 次印刷

定　　价：49.00 元

凡所购买电子工业出版社图书有缺损问题，请向购买书店调换。若书店售缺，请与本社发行部联系，联系及邮购电话：（010）88254888，88258888。

质量投诉请发邮件至 zlts@phei.com.cn，盗版侵权举报请发邮件至 dbqq@phei.com.cn。

本书咨询联系方式：192910558（QQ 群）。

前　言

本书是一本实践性很强的软件工程教材，全书共 6 章。

第 1 章论述软件开发与管理全过程，是软件工程的浓缩版，<u>本书的重点之一</u>。选择合适的软件开发模型，按照模型规定的路线图，进行需求、设计、编程、测试、验收，若符合客户要求，则开发过程结束，转入运行与维护阶段。若不符合客户要求，则进入新一轮迭代循环，开始新一轮需求、设计、编程、测试、验收。如此循环往复，直到客户满意为止。要减少循环往复次数，就要加强每步的评审、审计、配置管理与质量保证工作，尤其是需求的质量保证。

第 2 章论述数据库规范化设计的最新理论，即"四个原子化"理论，以及在此理论指导下的五个数据库设计模式。数据库设计模式是一套完整的数据库设计方法论，是至今为止软件界数据库设计智慧与艺术的结晶，适合任何数据库的需求分析、概要设计、详细设计与编程实现，这是<u>本书的重点之二</u>。

第 3 章论述数据库规范化设计的 CASE 工具 PowerDesigner，是 PowerDesigner 建模的实践指南，给初学者带来许多帮助与启迪。学习本章最好的方法是带着数据库设计项目学，边学边做边用，在实战中成长壮大。

第 4 章论述软件开发与 UML 建模。本章通俗易懂、深入浅出地论述软件开发中的 UML 建模行为，特别是需求分析、架构设计、详细设计中的 UML 建模活动，引导读者从神秘莫测的 UML 建模中解放出来，使 UML 成为软件开发的强大生产力，这是<u>本书的重点之三</u>。事实上，本章没用多大篇幅就将"需求分析与 UML 建模、软件设计与 UML 建模、面向对象分析与设计的步骤"这些高深复杂的问题轻松、愉快地解决了。

第 5 章论述 ProcessOn 建模实践指南。ProcessOn 是近年出现的在线制图 CASE 工具，它吸收了其他 CASE 工具的优点，克服了其他工具的缺点，完全是一种面向对象的需求分析与系统设计的在线工具，可以实现 UML 的各种图，项目组成员即使身在异地，也能高效完成面向对象的同一个项目的软件文档制作工作。

第 6 章论述网上论坛系统的立项、需求、设计和编程的完整文档，重点是 Java EE 平台下的系统整体架构设计、数据库设计、JDBC 数据库连接中间件的连接方法、用户注册登录和版块管理的编程实现源代码。网上论坛系统属于典型论坛系统，具备了比较完善的论坛基本功能。该系统大小规模适当，适合学生的项目实战训练。

本书适合各类理工科大学软件工程和计算机相关专业的"软件工程实践"课程，建议教学计划为 2～3 学分，36～54 学时。本书为读者提供配套的电子课件、文档编写指南、思考题的参考答案、实战项目程序的源代码，均可登录 http://www.hxedu.com.cn 免费下载。

在全书的形成过程中，杨林、张松、王冬龙参与了编写，在此表示感谢。

由于软件工程实践正处在发展中，加之作者水平有限，难免存在缺陷或不足，反馈意见请发至邮箱：zhaochilong@163.com。

作　者

教学资源

本书为读者提供如下教学资源，有需要的请直接扫描相应的二维码获取。

思考题解答

文档编写指南

实战项目源代码（第 10 章）

教学课件

目 录

第1章 软件开发与管理全过程

本章导读

  本章是《实用软件工程》（第 5 版）的浓缩版，尽管篇幅不长，却清晰、完整地论述了软件工程中的重要思想和核心知识。

  软件工程是研究软件开发与软件管理的工程科学。软件工程认为：只要将软件开发过程与软件管理过程改善了，软件企业的项目、产品和服务就能令客户满意，软件企业就能发展壮大。那么，软件开发过程与软件管理过程到底包含哪些内容呢？这就是本章要解决的问题。表 1-1 列出了读者在本章学习中要了解、理解和关注的主要问题。

  软件开发的一般过程是：首先选择合适的软件生命周期模型，即软件开发模型；然后按照该模型规定的步骤，进行需求、设计、编程、测试、验收。若符合客户要求，则开发过程结束，转入运行与维护阶段；反之，进入新一轮迭代循环，开始新一轮需求、设计、编程、测试、验收；如此往复循环，直到客户满意为止。若要减少往复循环次数，则要加强对每一步的评审、审计、配置管理与质量保证工作，尤其是第一步（需求）的质量保证工作。

表 1-1　本章要求

要　求	具 体 内 容
了　解	（1）软件开发过程包括哪几个阶段？ （2）软件开发过程中有哪几份重要文档？ （3）软件管理过程中有哪几个重要的里程碑？
理　解	（1）IT 企业常用的软件开发模型有哪几种？它们各自的优点、缺点、适用场合是什么？ （2）IT 企业常用的软件开发方法有哪几种？它们各自的优点、缺点、适用场合是什么？
关　注	软件工程中两种主要的开发平台 .NET 和 Java EE

1.1 软件开发模型

软件生命周期（Software Life Cycle）与软件开发模型（Software Development Model）有关，不同的开发模型对应的生命周期略有差异。

软件生命周期指软件开发全部过程、全部活动和任务的结构框架。软件开发包括需求、设计、编程和测试阶段，有时也包括软件实施与维护阶段。目前，IT 企业在软件开发实践中使用的各种生命周期模型，基本上是瀑布模型、增量模型、原型模型与迭代模型。

1. 瀑布模型

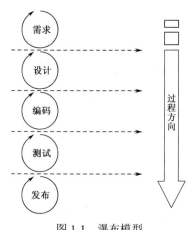

图 1-1　瀑布模型

瀑布模型（Waterfall Model）又称为流水式过程模型，如图 1-1 所示，形象地用阶梯瀑布描述，水由上向下一个阶梯接着一个阶梯地倾泻下来。在瀑布模型中，软件开发的各项活动严格按照线性方式进行，当前阶段的活动接受上一阶段活动的工作结果，实施完成所需的工作内容。需要对当前阶段活动的工作结果进行验证，如果验证通过，则该结果作为下一阶段活动的输入，继续进行下一阶段的活动，否则返回上一阶段修改。如此不断反复，直到项目开发完毕。

瀑布模型选取的条件是：在开发周期内，客户的需求是稳定的。

瀑布模型的优点是：开发阶段界定清晰，便于评审、审计、跟踪、管理和控制。它一直是软件工程界的主流开发模型。

瀑布模型的缺点是：瀑布只能一个个台阶地往下流，不可能倒着往上流，这就是它致命缺点。瀑布式生命周期通常会导致项目后期出现"问题堆积"，因为在整个分析、设计和实现阶段隐藏下来的问题，会在这时逐步暴露出来。更可怕的是，错误的传递会发散扩大。

2. 增量模型

增量模型（Incremental Model）是遵循递增方式来进行软件开发，如图 1-2 所示。软件产品被作为一组增量构件（模块），每次需求分析、设计、实现、集成、测试和交付一块构建，其中的需求、设计、编程、集成、测试和交付分别属于各自独立的构件，分别进行开发，直到所有构件全部实现为止。

第 1 次集成	第 1 块积木					
第 2 次集成	第 1 块积木	第 2 块积木				
第 3 次集成	第 1 块积木	第 2 块积木	第 3 块积木			
...	...	...	...	...		
第 N 次集成	第 1 块积木	第 2 块积木	第 3 块积木	第 4 块积木	...	第 N 块积木

图 1-2　增量模型

增量模型选取的条件是：项目本身可拆卸成多个模块，并且客户同意一个模块接着一个模块地交付。

增量模型的优点是：① 将一个大系统分解为多个小系统等于将一个大风险分解为多个小风险，从而降低了开发难度；② 人员分配灵活，刚开始不用投入大量人力资源。如果核心模块产品很受欢迎，则可增加人力实现下一个增量。

增量模型的缺点是：如果软件系统的组装和拆卸性不强，或开发人员全局把握水平不高（没有数据库设计专家进行系统集成），或者客户不同意分阶段提交产品，或者开发人员过剩，都不宜采用这种模型。

一般而言，增量模型与迭代模型一起使用。

3. 原型模型

原型模型（Prototype Model）的本意是：在初步需求分析后，马上向客户展示一个软件产品原型（样品），对客户进行培训，让客户试用，在试用中收集客户意见，根据客户意见立刻修改原型，再让客户试用，反复循环几次，直到客户满意为止。

原型模型选取的条件是：开发者手中有相近或相似的产品原型。

原型模型的优点是：开发速度快，客户意见实时反馈，有利于开发商在短时间内推广并服务于多个客户。

原型模型的缺点是：因为事先有一个展示性的产品原型，所以在一定程度上不利于开发人员的创新。

一般而言，原型模型与迭代模型一起使用。

4. 迭代模型

所谓迭代，是指活动的多次重复。从这个意义上讲，原型不断完善，增量不断产生，都是迭代的过程。因此，快速原型法和增量模型都可以看成局部迭代模型（Iterative Model）。但这里所讲的迭代模型（如图 1-3 所示）是由 RUP（Rational Unified Process）推出的一种"逐步求精"的面向对象的软件开发过程模型，被认为是软件界迄今为止最完善、可实现商品化的开发过程模型。

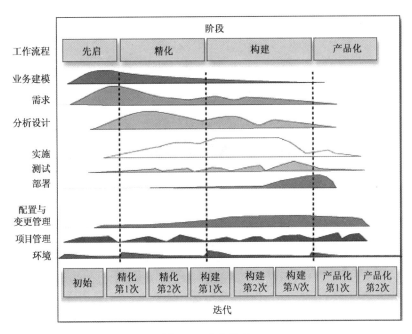

图 1-3　迭代模型

迭代模型的特点是：迭代或迭代循环驱动，每次迭代或迭代循环均要走完初始（规范业务与需求）、精化（架构设计与详细设计）、构建（编程与测试）、移交（产品化）4个阶段。

迭代模型选取的条件是：在开发周期内，客户的需求是有变化的。

迭代模型的优点是：在开发的早期或中期，用户需求可以变化；在迭代之初，不要求有一个相近的产品原型；模型的适用范围很广，几乎适用于所有项目的开发。

迭代模型的缺点是：采取循环工作方式，每次循环均使工作产品更靠近目标产品，这要求项目组成员具有很高的水平并掌握先进的开发工具；反之，存在较大的技术和技能风险。

5. 瀑布模型与迭代模型之间的关系

宏观上，迭代模型是动态模型，瀑布模型是静态模型。一方面，迭代模型需要经过多次反复迭代，才能形成最终产品。另一方面，迭代模型的每次迭代实质上是执行一次瀑布模型，都要经历初始、精化、构造、移交（或需求、设计、实现、交付）4个阶段，走完瀑布模型的全过程。

微观上，迭代模型和瀑布模型都是动态模型。迭代模型与瀑布模型在每个开发阶段（初始、精化、构造、移交）的内部都有一个小小的迭代过程，只有经历这一迭代过程，该阶段的开发工作才能做细做好。

瀑布模型与迭代模型之间的微妙关系如图1-4所示，二者是你中有我、我中有你。

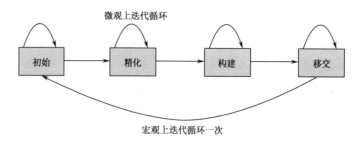

图1-4　瀑布模型与迭代模型之间的关系

瀑布模型与迭代模型之间的关系反映了人们对客观事物的认识论：要认识和掌握某一客观事物，必须经历由宏观到微观的多次反复的过程。只有从宏观上反复迭代几次，才能看清全貌，掌握事物的宏观发展规律。只有从微观上反复迭代几次，才能吃透每个细节，掌握事物的微观发展规律。

6. 软件开发模型总结

以上介绍的4种开发模型是IT企业常用的模型，它们的性能比较如表1-2所示。

表1-2　4种开发模型性能对比

模型名称	优　点	缺　点	适合的场合
瀑布模型	开发阶段清晰，便于评审、审计、跟踪、管理和控制	逆转性差，错误会发散式传播	适合面向过程开发方法，要求在开发时间内需求没有或很少变化
增量模型	将一个大风险分解为多个小风险，从而降低了开发难度，人员分配灵活	系统的组装和拆卸性必须强，或开发人员全局把握水平必须高，客户必须同意分阶段提交产品	系统的组装和拆卸性强，客户接受分阶段交付
原型模型	开发速度快，用户意见反馈实时，有利于开发商在短时间内推广并实施多个客户	因为事先有一个展示性的产品原型，所以在一定程度上不利于开发人员的创新	凡是有软件产品积累的软件公司，他们在投标、开发、实施项目的过程中通常采用原型模型法

模型名称	优 点	缺 点	适合的场合
迭代模型	在开发早期或中期,用户需求可以变化;在迭代之初,它不要求有一个相近的产品原型	采取循环工作方式,每次循环均使工作产品更靠近目标产品一次,这就要求项目组具有很高的水平并掌握先进的开发工具	多次执行各开发工作流程,从而更好地理解需求,设计出更强壮的软件构架,逐步提高开发组织能力,最终交付一系列逐步完善的实施成果

1.2　软件开发方法

软件工程界目前流行 3 种基本的软件开发方法,即面向过程方法、面向对象方法、面向元数据方法。

1．面向过程方法

面向过程方法(Procedure-Oriented Method),是软件工程的基础,来自面向过程的程序设计语言,如汇编语言、C 语言。面向过程方法包括面向过程的需求分析、设计、编程、测试、维护和管理等。

面向过程方法,习惯上称为结构化方法,包括结构化分析、结构化设计、结构化编程、结构化测试、结构化维护。面向过程方法有时又称为面向功能方法,即面向功能分析、设计、编程、测试、维护。由此可见,面向过程方法、面向功能方法、结构化方法,三者含义相同。

面向过程方法强调模块化思想,采用"自顶向下、逐步求精"的技术对系统进行划分,分解和抽象是它的两个基本手段。面向过程方法编程时采用单入口单出口的控制结构,并且只包含顺序、选择和循环三种结构,目标之一是使程序的控制流程线性化,即程序的动态执行顺序符合静态书写结构。

面向过程方法的优点是:以处理流程为基础,简单实用。

面向过程方法的缺点是:只注重过程化信息,因而忽略信息的层次关系以及相互作用。它企图使用简单的时序过程方法(顺序、分支、循环三种结构),来描述关系复杂(随机)的信息世界,因而对于关系复杂的信息系统来说,其描述能力不强,最后可能导致软件设计、开发和维护陷入困境。

自从面向对象方法出现之后,面向过程方法的应用范围开始萎缩,在许多领域,它逐渐被表述能力更强的面向对象方法所取代。当前,面向过程方法主要用在过程式程序设计中,如对象方法(函数)、科学计算、实时跟踪和实时控制的实现。

2．面向对象方法

面向对象方法(Object-oriented Method)包括面向对象的需求分析、设计、编程、测试、维护、管理等。面向对象方法是一种运用对象、类、消息传递、继承、封装、聚合、多态性等概念来构造软件系统的软件开发方法。

面向对象方法的特点是:将现实世界的事物(问题域)直接映射到对象,在分析设计时,由对象抽象出类(Class),在程序运行时由类还原为对象(Object)。

面向对象方法的优点是:① 在系统运行时,每个对象可以接收信息、处理数据和发送信息给其他对象,可作为一个独立的单元使用与运行,具有独特的效果,可处理大量既离散又关联的实体,可重复使用编程的逻辑单位;② 该方法侧重不是过程的连续数据,而是客观的离散数据，所以它能描述无穷的信息世界；③ 对象间具有继承性，所以易于代码重用和扩展。

面向对象方法的缺点是：设计和实现的复杂性较高，较难掌握（对于习惯面向过程方法的人而言）。

面向对象方法是当前计算机界关心的重点，是软件工程方法论的主流。面向对象的概念和应用已超越了程序设计和软件开发，扩展到更加广阔的领域。如交互式界面、应用结构、应用平台、分布式系统、网络管理结构、CAD 技术、人工智能等领域。

3．面向元数据方法

这里讲的面向元数据方法（Meta-data Oriented Method）既不是传统软件工程中的"面向数据流"方法，也不是传统意义上的面向数据结构的 Jackson 方法，因为这两种方法都出现在关系数据库管理系统（Relational Database Management System，RDBMS）成熟之前。

元数据（Meta-Data）是关于数据的数据、组织数据的数据、管理数据的数据。这里的元数据泛指一切组织数据的数据，如类、属性和方法的名称，实体的名称、属性和联系，数据库中的表、字段、主键、外键、索引、视图，数据结构中存储数据的框架等。但是，我们研究的重点是数据库中的元数据

面向元数据方法来源于面向元数据的程序设计思想，即来源于关系数据库语言的程序设计思想。当关系数据库管理系统和数据库服务器出现之后，面向元数据方法才被人们所发现与重视。当数据库设计的 CASE 工具 Power Designer、Oracle Designer 和 ER win 出现之后，面向元数据设计方法才开始流行。面向元数据方法包括面向元数据的需求分析、设计、编程、测试、维护。

① 面向元数据的需求分析，是指在需求分析时找出信息系统所有的元数据，使其完全满足信息系统对数据存储、处理、查询、传输、输出的要求。也就是说，有了这些元数据，信息系统中的一切原始数据不但都被组织起来，而且能完全派生出系统中的一切输出数据。

② 面向元数据的设计，是指利用需求分析获得的元数据，采用面向元数据的 CASE 工具，设计出信息系统的概念数据模型（Conceptual Data Model，CDM）和物理数据模型（Physics Data Model，PDM），以及从原始数据到输出数据的所有算法与视图。

③ 面向元数据的编程，是指在物理数据模型的基础上，根据信息系统的功能、性能、接口和业务规则，建立数据库表和视图，再利用数据库编程语言，编写出存储过程和触发器。

④ 面向元数据的测试，是指对数据库表初始化并加载后，运行相关的存储过程和触发器，测试信息系统的各种功能需求与性能指标。

⑤ 面向元数据的维护是指对数据库表中的记录进行统计、分析、审计、复制、备份、恢复，甚至对表结构及视图结构进行必要的调整。

面向元数据方法已经是建设信息系统、数据库、数据仓库和业务基础平台的基本方法。

面向元数据方法的缺点是：只能实现二维表格，不能实现窗口界面。

面向元数据方法与关系数据库管理系统紧密地捆绑在一起，只要面向对象数据库不能完全替代关系数据库，这种方法就不会终结。目前，数据库管理系统的发展趋势是：在关系型数据库的基础上增加面向对象方法的某些特性（如继承），称为"对象-关系型数据库"，但本质上仍然是一个关系型数据库。

4．各种方法之间的关系

到目前为止，软件工程方法论包含面向过程方法、面向对象方法、面向元数据方法这三

种基本的软件开发方法。面向业务基础平台的方法只是面向元数据方法与面向对象方法的具体应用实例，不能单独作为一种基本方法。

在大型多层（B/A/S）结构的信息系统建设中，这三种方法的关系是：面向元数据方法用在数据库服务器层面的系统设计与实现上，面向对象方法用在除数据库服务器层面之外的其他层面（B/A）的系统设计与实现上，面向过程方法用在其他两种方法本身内部函数（或方法）的设计与实现上。

因此，在实现一个较大的软件项目时，常常根据项目的特点，采取以某一种方法为主，以其他方法为辅的开发方法。例如，开发信息管理类项目时，宜采取面向对象方法为主、面向过程和面向元数据方法为辅。对于实时跟踪与自动控制的项目，宜采取面向过程方法为主、面向元数据和面向对象方法为辅。对于纯数据库项目，宜采取面向元数据方法为主、面向过程和面向对象方法为辅。

面向过程方法、面向对象方法、面向元数据方法各有优缺点，适合不同的场合，如表 1-3 所示。

表 1-3　三种开发方法的比较

方法名称	优　点	缺　点	适合的场合
面向过程方法	简单好学	不适应窗口界面，维护困难	大型工程计算，实时数据跟踪处理，各种自动化控制系统，以及系统软件实现等领域
面向对象方法	功能强大，易于维护	不易掌握	互联网络时代，完全由用户交互控制程序执行过程的应用软件和系统软件的开发
面向元数据方法	通俗易懂	不适应窗口界面	以关系数据库管理系统为支撑环境的信息系统建设

1.3　软件工程实践论

软件工程方法论中的三种软件开发方法中，究竟哪一种方法最好呢？在开发一个大型软件系统时，到底怎样选取合适的软件开发方法呢？这就是软件工程实践论中需要详细讨论的问题。

"五个面向"实践论是指"面向流程分析、面向元数据设计、面向对象实现、面向功能测试、面向过程管理"。

"五个面向"实践论综合了软件工程方法论中各种开发方法的优点，是人们在软件开发实践中经验的结晶，是软件工程方法论在软件工程实践中的具体运用。

1.　面向流程分析

面向流程分析（Flow-Oriented Analysis）就是面向流程进行需求分析。

任何软件系统都要满足用户的需求，往往表现在用户的工作流程上，系统的功能、性能、接口、界面通过系统流程这条主线，会全部暴露出来。因此，在信息系统需求分析时，系统分析员要面向业务流程、资金流程、信息流程进行分析。只有将这"三个流程"分析透了，才能建立有效的系统业务模型和功能模型（包括性能模型和接口模型）。因为计算机网络在本质上只识别数据及数据流（严格地讲，它只识别二进制数据和二进制数据流），而且这"三个流程"可以用"数据流"这个流程来代替，或者说"三个流程"是"数据流"在三个不同方向的投影。

由此可见，在需求分析时，抓住了软件系统的流程就掌握了需求分析的钥匙，就能取得需求分析的成功。

2．面向元数据设计

面向元数据设计（Meta-data Oriented Design）就是面向元数据进行概要设计。

例如，在信息系统设计时，设计师要采用面向元数据的方法进行概要设计。其主要任务是建立系统的数据模型，包括概念数据模型 CDM、物理数据模型 PDM、体现业务规则的存储过程和触发器，然后以数据模型为支撑，去实现信息系统的业务模型和功能模型。因此，要对元数据进行分析、识别、提取，要切实做到：系统的元数据一个不能多，也一个不能少。只要将元数据这个关键少数分析透了，就能建立由元数据所构成的数据模型。该数据模型的核心是全局实体关系图，即全局 E-R 图。可以这么说：在信息系统中，全局 E-R 图是纲，纲举才能目张。

信息系统设计的重中之重，是数据库服务器上数据层的设计，而数据层的设计是面向元数据的，不是面向过程或对象的。当然，其他层上的设计是面向对象的。

3．面向对象实现

面向对象实现（Object-Oriented Implementation）就是面向对象进行详细设计和编程实现。

在表示层和中间层上进行详细设计和编程实现时要采用面向对象方法。目前，流行的编程语言大多数是面向对象语言。成熟的软件企业已经利用面向对象语言建设了本企业的商业类库，积累了大量的商业软构件，甚至建造好了自己的业务基础平台，为面向对象详细设计和编程实现创造了良好的开发环境。当然，在数据层上的详细设计和编程实现仍然要采用面向元数据方法，因为主要是设计和编写存储过程与触发器，它们是面向元数据的，不是面向对象的。必须指出：详细设计与编程实现的绝大部分工作量，是在表示层与中间层上进行的，是面向对象的，所以称为面向对象实现。

详细设计和编程实现实质上是用构件加上程序来实现系统的业务模型和功能模型（包括性能模型和接口模型）。只有对系统的三个模型思想（业务模型、功能模型、数据模型）吃透了，才能设计和编写出规范的程序。

因为类的实例化就是对象，所以面向对象实现实质上是面向类实现。面向对象方法的软件分析师与程序员要时刻牢记：分析设计时由对象抽象出类，程序运行时由类还原到对象。

4．面向功能测试

面向功能测试（Functional-Oriented Test）就是面向功能进行模块测试、集成测试、Alpha 测试和 Beta 测试。

面向功能测试的方法就是黑盒测试方法，随着第 4 代程序设计语言和构件技术的发展，该测试方法的应用越来越广泛。今后，采用白盒测试方法（面向程序执行路径测试）的人只是从事软件构件生产的底层人员。因此，测试部门的专职测试人员应掌握面向功能的黑盒测试方法。

黑盒测试方法的测试思路是：针对需求分析时建立的系统功能模型，将每个需求功能点分解为多个测试功能点；再将每个测试功能点分解并设计为多个测试用例；对每个测试用例都执行测试过程，产生测试记录数据；最后，汇总并分类整理所有的测试记录数据，形成测试报告。

一般而言，面向功能的黑盒测试报告就是软件系统的内部验收测试报告，即 Alpha 测试报告。而 Beta 测试报告是用户验收测试报告。

5．面向过程管理

面向过程管理（Procedure-Oriented Management）就是面向软件生命周期过程，对软件生命周期各阶段进行过程管理与过程改进。

因为软件产品质量及软件服务质量的提高与改进，完全取决于软件企业软件过程的改善。无论是 CMMI 还是 ISO 9001，都是站在软件生命周期的层面上，去提高软件企业的过程管理素质。

软件组织的软件过程管理与改进是面向过程的，既面向开发过程，又面向管理过程。可视、可控、优化的白箱操作过程能保证软件工作产品的高质量。

质量源于过程，过程需要改进，改进需要模型，改进永无止境。这就是 CMMI 精神和软件工程实践论中的面向过程管理。

在"五个面向"的实践中，都要制定并遵守相应的规程、标准和规范，因为软件工程的质量源于这"五个面向"实践的质量。实践是检验真理的唯一标准，"五个面向"实践论还将在软件工程的长期实践中接受检验。

1.4 三个模型和三层结构

在信息系统需求与设计中一般需要建立三个模型，即功能模型、业务模型和数据模型，分别对应 B/A/S 三层体系结构中的三个层，即浏览层、中间层和数据层，如图 1-5 所示。其中，功能模型主要表现在浏览层；业务模型对应中间层，即业务逻辑层，功能模型中的功能，基本上都在业务模型中加以具体实现；数据模型对应数据层，实现持久型数据的存储与运算。

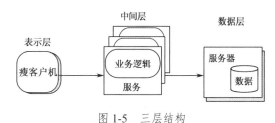

图 1-5 三层结构

1．三个模型

（1）功能模型

功能模型（Function Model，FM）实质上是用户需求模型，用来描述系统能做什么，即对系统的功能、性能、接口和界面进行定义。因此，功能模型反映了系统的功能需求，是用户界面模型设计的主要依据。

功能模型在需求分析时的表示方法为系统功能需求列表、性能需求列表、接口需求列表、界面需求列表。UML（统一建模语言）主要采用"用例图"来描述功能模型。

功能模型既是动态的，又是静态的。因为有的功能与系统运行的时间序列有关。

（2）业务模型

业务模型（Operation Model，OM）实质上是业务逻辑模型，用于描述系统在何时、何地、由何角色、按什么业务规则去做，以及做的步骤或流程，即对系统的操作流程进行定义。因此，业务模型反映了系统的业务行为，是工作流程设计的主要依据。

业务流程图也可以用业务操作步骤来描述，或用类似程序流程图的图形来表达。在 UML

中，完整的业务模型由用例图、时序图、交互图、状态图、活动图来表述，并且时序图在表述中起到核心作用。

业务模型是动态的，所以有时被称为动态模型或操作模型。

（3）数据模型

数据模型（Data Model，DM）实质上是实体或类的状态关系模型，用于描述系统工作前的数据来自何处，工作中的数据暂存在什么地方，工作后的数据放到何处，以及这些数据的状态及相互之间的关联，即对系统的数据结构进行定义。因此，数据模型反映了系统的数据关系，是实体或类的状态设计依据。

数据模型分为类模型和数据库关系模型。其中，类模型用于用户界面层和中间层的数据建模，数据库关系模型用于持久层数据建模。

信息系统中的数据模型是指它的 E-R 图及其相应的数据字典。这里的数据字典包括实体字典、属性字典、联系字典。这些数据字典在数据库设计的 CASE 工具帮助下，都可以查阅、显示、修改、打印、保存。

E-R 图将系统中所有的元数据按照其内部规律组织在一起，再将所有原始数据组织在一起。有了这些原始数据，再经过各种算法分析，就能派生出系统中的一切输出数据，从而满足人们对信息系统的各种需求。数据字典是系统中所有元数据的集合，或者说是系统中所有的表名、字段名、联系名的集合。由此可见，E-R 图及其数据字典确实是信息系统的数据模型。抓住了 E-R 图，就抓住了信息系统的核心。

信息系统中的数据模型分为概念数据模型 CDM 和物理数据模型 PDM 两个层次。CDM 是数据库的逻辑设计，即 E-R 图。PDM 是数据库的物理设计，即物理表。有了 CASE 工具后，从 CDM 就可以自动转换为 PDM，还可以自动获得主键索引、触发器等。数据模型设计是企业信息系统设计的中心环节，数据模型建设是企业信息系统建设的基石，设计者和建设者万万不可粗心大意。

这里要特别强调，数据模型要在程序设计之前完成设计，要用数据模型指导程序设计，绝对不允许用程序设计来指导数据模型设计。

数据模型本身是静态的，但是在设计者心中应该尽量将它由静态变成动态。设计者可以想象数据（或记录）在相关表上的流动过程，即增加、删除、修改、传输与处理等，从而在脑海中运行系统，或在 E-R 图上运行系统。

2．三层结构

三层结构（Three-Layer Framework）通常被划分为表示层、中间层和数据层，各层之间通过对外接口互相访问。分层结构的主要目的是，允许各层可以随着需求或技术的变化而独立地升级或替换，当替换数据库时只需要变化数据层。

其实，三层结构就是在原来两层结构（Client/Server）的客户层与数据层之间加入一个中间层（也叫业务层），并将应用程序的业务规则、数据访问、合法性校验等工作放到中间层进行处理，这样就变成了三层结构（Browser/Application/Server）。这里所说的三层不一定指物理上的三层，不是简单地放置三台机器就是三层结构，也不仅有 B/S 应用才是三层结构。三层是指逻辑上的三层，即使这三层都放置到一台机器上。当然，这三层也可以放在两台或三台机器上。

（1）表示层（浏览层）

表示层（Presentation Tier）也称为浏览层（Browser），通常采用图形化用户界面，在客户桌面端、移动端或工作站上运行。站在"三个模型"建模思想上看，系统内部支持表示层的模型是"功能模型"，尽管"功能模型"中的功能实现组件都存放在业务层上，但是功能组件的表现方式在表示层上。

表示层的主要功能如下：① 接受用户请求，将这些请求反馈给业务逻辑层，等待业务逻辑层的应答信息；② 对业务逻辑层的应答信息，进行显示（不进行任何加工）；③ 有时兼做业务逻辑层的小功能，如对用户输入数据的验证、操作合法性的检验。

（2）中间层（业务层）

中间层（Business Tier）也称为业务层，由许多构件或组件组成，它们完全体现了用户的业务逻辑或业务规则。站在"三个模型"建模思想上看，系统内部支持业务层的模型是"业务模型"。尽管 Java EE 与.NET 在实现业务层上的方法略有差异，但是业务层本质上在表示层与数据层之间起桥梁作用。有时业务层被分成两个子层：业务逻辑层（Business Logic Layer，BLL）和数据访问层（Data Access Layers，DAL）。

业务层的主要功能如下：① 接受从表示层传来的用户请求信息；② 根据用户的请求信息生成 SQL 语句；③ 利用生成的 SQL 语句从数据层取数据、修改数据、删除数据；④ 将结果返回给表示层。

除了实现上述功能，业务层还提高了系统的性能，增加了系统的安全性，使系统更具有可扩展性。

（3）数据层

数据层（Data Tier）是数据库服务器上的数据库，包括数据库管理系统和数据库两部分。站在"三个模型"建模思想上看，系统内部支持数据层的模型是"数据模型"。数据层的主要功能如下：① 接受业务层数据处理请求的 SQL 语句或存储过程；② 利用 SQL 语句或存储过程，对数据库服务器上数据库的相关表进行存储或检索；③ 将存储或检索的结果信息，传递给业务层。

（4）三层协调工作

三层之间通过各自提供的接口来访问，如用户想登录并操作系统，在表示层输入用户名和密码，表示层会收集相关的数据传递给业务层，业务层将数据经过一些处理和封装后，再传递给数据层，数据层执行相应数据库中表的操作，并将结果返回业务层，业务层再返回表示层，表示层再显示给用户看。对登录信息和操作信息都是这样分层处理、协调工作的。业务层与数据层的信息交换采取"批发方式"，业务层与表示层的信息交换采取"零售方式"。

（5）三层结构的优点

① 三层之间低耦合，互不干扰，哪一层出了问题就去找哪一层解决。同时，同一层内的各类之间也是低耦合，所以不会出现 Bug。

② 三层结构减少了客户机的工作量，提高了网络系统的运行效率。

③ 三层结构有利于系统的维护和升级，各层的维护互不影响。例如，修改表示层不会影响用业务层，修改业务层也不会影响用数据层。而且，所有层的维护和修改都是在服务器上进行，不需要到现场。

1.5 软件开发全过程

软件开发过程，一般由立项、需求、设计、编程、测试、运行与维护几个阶段组成。下面介绍每个阶段的内容。

1．可行性研究与软件立项

在可行性研究阶段，要分析该软件项目立项的必要性（有市场前景）与可能性（能够做好），开发目标和总体要求，以及项目的总体功能、性能、接口与界面，当前用户与潜在用户，投资/收益分析与风险分析，并完成立项报告。当立项报告经评审通过后，才能正式立项。

因此，可行性研究是立项的前提，立项是可行性研究的结果。

2．软件需求分析

需求分析是面向流程的，而流程是动态的、实时的。系统的功能、性能、接口、界面都是在流程中动态实时地反映出来。在所有的流程（物流、人流、资金流、信息流、单据流、报表流、数据流）中，数据流最重要，也最有代表性。因为在计算机网络系统内，一切流程都表现为数据流。所以，面向流程分析，实质上是面向数据流程分析。计算机网络只认识数据，其他所有的信息必须转化为数据之后才能流动，所以面向流程分析本质上是面向数据流程分析。

需求分析的思路，是从用户的功能需求（系统需要做什么）出发，由系统的业务流程和数据流程导出系统的业务模型和功能模型，识别出系统的元数据和中间数据，为今后设计数据模型做好充分准备。同时，对系统的软硬件环境配置、开发工期、费用、开发进度、培训、系统风险进行评估。这里的中间数据又称为查询数据。

需求分析完成后要产生《用户需求报告》文档。该文档是用户和开发者双方，对该软件系统的功能规定与性能规定的共同理解，它将成为整个开发工作的基础。其主要内容包括：该软件的功能、性能、接口、界面及数据要求说明等。该文档完成后，要经过适当的评审，评审通过后，双方要签字确认。

《用户需求报告》文档完成后，就要产生《需求分析规格说明书》，为概要设计做好充分准备，同时还要考虑内部测试计划、用户验收计划、测试用例设计和用户操作手册设计。《用户需求报告》与《需求分析规格说明书》的差异是：前者的内容要使用户完全看得懂，并且签字确认，后者的内容用户不一定看得懂，也不需要用户签字确认。

3．软件设计

《需求分析规格说明书》评审通过后，项目组就可以开始软件设计了，以便产生《概要设计说明书》和《详细设计说明书》。

概要设计（架构设计）是面向模块的，其主要目的是将软件系统分解为多个子系统，再将子系统分解为多个模块或部件，并将系统所有的功能合理地分配到模块或部件中。《概要设计说明书》文档的主要内容有：软件系统架构设计、运行环境设计、模块划分、模块功能分配、数据库与数据结构设计、接口设计。编制它的目的是为详细设计提供基础。

详细设计是面向程序的，它的主要目的是，将软件系统的模块或部件分解成类，建立类与类之间的关系，并设计类的行为，用以指导程序员编写代码。《详细设计说明书》文档的主要内容是：公用模块设计、专用模块设计、存储过程与触发器设计、接口设计、界面设计。

对于简单或熟悉的系统，概要设计和详细设计可以合二而一，形成一份文档（称为《设计说明书》），进行一次评审，实现一个里程碑，确立一条基线。

对于复杂或生疏的系统，概要设计和详细设计必须分开，形成两份文档，进行两次评审，实现两个里程碑，确立两条基线。

在设计前，首先确定命名规范，包括：系统命名规范，模块命名规范，构件命名规范，变量命名规范，以及数据库中表名、字段名、索引名、视图名、存储过程名、触发器等命名规范。

软件设计时，一方面，要善于将《需求分析规格说明书》中的冗余去掉，将公用功能提炼出来，并将它设计为构件，标准化后加入公司构件库，由构件库管理，作为公共资源。另一方面，要尽量调用公司构件库中已有的构件。构件的实现和调用是一个面向对象编程的技术问题。

4. 软件实现（编程）

宏观上讲，软件实现是指遵照软件公司的程序设计规范，按照《详细设计说明书》中对数据结构、算法分析和模块实现等方面的设计说明，用面向对象语言，通过"穿针引线"的方法，将这些部件组装起来，分别实现各模块的功能，满足系统在功能、性能、接口、界面等方面的要求。

微观上，软件实现是指通过编码、调试、单元测试、集成测试等活动创建软件产品的过程。软件实现与软件设计、软件测试密不可分。软件设计为软件实现提供输入，软件实现的输出是软件测试的输入。尽管软件设计和软件测试是独立的过程，但软件实现本身也涉及设计和测试工作，它们之间的界限视具体项目而定。软件实现还会产生大量的软件配置项，如源文件、测试用例等，因此软件实现过程还涉及配置管理。

软件实现环境，目前主要是 .NET 和 Java EE。软件实现原则，通常有如下 6 条：

① 尽可能简单。在软件实现过程中，应创建简单、容易阅读的代码；相同功能的代码只写一次；简单的代码易于维护；通过采用一些编码规范和标准，可以有效降低代码的复杂度。

② 易于验证。无论是在编码、测试还是实际操作中，软件工程师应容易发现其中的错误；自动化的单元测试可产生易于验证的代码；写代码时，限制使用复杂的难以理解的语言结构。

③ 适应变化。外部环境、软件需求和软件设计在整个开发过程中可能随时变化，因此要求软件实现时考虑适应这些变化。

④ 遵守某一编程规范。

⑤ 选择项目组成员最熟悉的工具或语言。软件实现工具或语言不是越时髦越好，而是越成熟、越熟练越好，这样可以避免技术风险和技能风险。

⑥ 在实现过程中完善《用户操作手册》。它的编制，是为了向用户提供该软件运行的具体过程的有关知识，包括操作方法的细节。

5. 软件测试

在 IT 企业，通常以黑盒测试为主，白盒测试为辅，比较适用的是黑加白的"灰盒测试"。

（1）黑盒测试

黑盒测试也称为不透明盒测试，给我们的更多启示是它的思考方式，即不考虑（主观上屏蔽）或者不需要（客观条件限制）知道被测对象的内部实现细节，只关心输入和输出。运用黑盒测试方法进行软件测试时，不关心软件的内部逻辑结构和实现方法，而是站在使用者的角度，主要测试软件的功能指标，即测试系统的功能模型。黑盒测试的依据是软件的行为描述（主要参考《产品说明书》《业务说明书》或《需求规格说明书》等），是面向功能的穷举输入测试。理论上，只有把所有可能的行为都作为测试用例（test case）输入，才能完成黑盒测试工作。

黑盒测试的对象可以是软件单元、软件模块、软件组件、软件子系统和软件系统。

在用黑盒测试方法测试系统的功能模型时，重点是设计黑盒测试用例，包括输入条件和预期输出结果。在实际项目测试中，由于时间和资源的限制，黑盒测试工作要用尽可能少的测试用例，测试出尽可能多的软件需求。在提炼测试需求后，再采用黑盒测试方法设计测试用例。那么，如何将软件需求转换到测试需求，再将测试需求转换到测试用例呢？转换的一般原则是：每项用户需求都应该分解为多个测试需求，每个测试需求都应该设计出多个测试用例。这种分解或转换关系，如图1-6所示。

图1-6　软件需求分解

（2）白盒测试

白盒测试又称为透明盒测试，要求测试人员必须清楚被测试对象的内部实现细节。白盒测试方法的测定依据是《详细设计说明书》。理论上，面向程序执行路径进行穷举代码测试，直至覆盖所有路径，才算完成了白盒测试。白盒测试的测试对象侧重软件单元、模块和构件等小规模对象，绝对不适合软件项目或产品等大规模测试对象。

实用的白盒测试覆盖技术有4种：语句覆盖、条件覆盖、分支覆盖和组合覆盖。覆盖技术的主要思想是从不同角度尽可能提高代码的测试覆盖率。为了减少测试工作量，应该使每个测试用例尽可能满足多个覆盖条件。

（3）灰盒测试

灰盒测试即白加黑测试，兼具黑盒测试和白盒测试的优点，更符合实际工程中测试工作。

一般，测试人员在软件生命周期的前期，即需求分析阶段，通过《需求说明书》了解用户需求，针对需求利用黑盒测试的思路设计测试用例，然后根据已有的编程和测试经验，补充一些白盒测试用例。在开发阶段，测试人员拿到代码后，一种方法是直接人工阅读代码（也称静态测试），进行白盒测试，另一种方法是借助白盒测试工具，实现各种覆盖测试。

6．软件运行与维护

所谓软件维护，是指软件项目或产品在安装、运行并交付给用户使用后，在新版本升级之前（或该软件被淘汰、退役）这段时间里，软件厂商向客户提供的服务工作。

软件维护是针对一种软件产品而言的，它发生在该产品的生存周期之内，是一种面向客户提供的服务。为什么说维护是一种服务呢？因为在激烈的软件市场竞争中，同类软件产品的价格、功能、性能、接口都不相上下，那么用户如何选择产品呢？软件厂商要推销自己的产品，推销的重点就是服务。谁的售后服务及时、到位，谁的产品就可能占领市场。现在流行一句话："卖软件就是卖服务"。

软件维护过程是软件开发过程的缩影。软件维护的工作程序与软件开发的工作程序相仿，其工作流程包括：维护需求分析、维护设计、修改程序代码、维护后测试、维护后试运行、维护后正式运行、对维护过程的评审和审计。为此必须建立维护机构，由用户或售后工程师提出维护申请报告，维护机构对申请报告进行评审和批准，组织技术人员实施"需求分析维护、设计维护、程序代码维护、测试或回归测试、维护后试运行、维护后正式运行、对维护过程的评审和审计"，并且建立详细的维护文档。

1.6 软件开发所需的基本知识

1. 了解软件工程的基本原理

人们常常把软件工程的方法（开发方法）、工具（支持方法的工具）、过程（管理过程）称为软件工程三要素，而把美国著名的软件工程专家 B.W. Boehm 于 1983 年提出的 7 条原理作为软件工程的基本原理。这 7 条原理是：

① 用分阶段的生命周期计划严格管理软件开发。阶段划分为计划、分析、设计、编程、测试和运行维护。

② 坚持进行阶段评审。若上一阶段评审不通过，则不能进入下一阶段开发。

③ 实行严格的产品版本控制。

④ 采用现代程序设计技术。

⑤ 结果应能清楚地审查，因此对文档要有严格要求。

⑥ 开发小组的成员要少而精。

⑦ 要不断地改进软件工程实践的经验和技术，要与时俱进。

上述 7 条原理虽然是在面向过程的程序设计时代（结构化时代）提出来的，但是直到今天，在面向元数据和面向对象的程序设计新时代，它仍然有效。根据"与时俱进"的原则，作者认为：还有一条基本原理在软件的开发和管理中特别重要，需要补充进去，作为软件工程的第 8 条基本原理。

⑧ 二八定律。在软件工程中，所谓二八定律，就是一般人常常将 20%的东西误以为是 80%的东西，而将 80%的东西误以为是 20%的东西。软件开发人员学会灵活运用二八定律，就能保证软件开发计划与项目跟踪计划顺利实施和完成。

2. 了解开发应用软件所需的基本知识

如果是用 B/A/S（三层结构）在网上开发信息系统，比如网站开发、电子商务开发、MIS（管理信息系统）开发、ERP（企业资源规划）开发、网上游戏开发，那么开发人员必须具备如下知识。

① 软件工程的基本知识。它告诉开发者做软件开发的一般路线图是：先做需求分析，再做设计与编程，最后是测试与验收。若一次不能完全成功，则需进行迭代循环，直到客户验收满意为止。

② 数据库设计的基本知识。因为信息系统是以 DBMS（数据库管理系统）为支撑平台的系统，开发者不但要知道数据库管理系统的基本操作，比如创建表、视图、索引、存储过程、触发器，以及数据加载、数据备份、数据恢复，而且还要知道如何设计数据库，比如数据库需求分析、设计概念数据模型 CDM、设计物理数据模型 PDM。只有这样，才能做好三层结构中数据库服务器（S）层次上的需求、设计、实现、维护工作。

③ 面向对象开发平台的基本知识。当前的开发平台主要是 .NET 平台和 Java EE 平台。.NET 开发平台由微软发布，Java EE 开发平台由 SUN 公司发布。只有掌握这两个开发平台（至少其中之一），才能做好三层结构中 B/A 层次上的需求、设计、实现、维护工作。这两个平台，都有各自的数据库连接中间件 ADO.NET 和 JDBC，用以实现 A 层次上的数据与 S 层次上的数据之间的连接。

3. 了解开发系统软件所需的基本知识

如果开发系统软件，如操作系统软件、编译系统软件，那么开发人员必须具备如下知识：

① 软件工程基本知识。它告诉开发人员做软件开发的一般路线图是：先做需求分析(或目标系统定义与确认)，再做设计与编程，最后是测试与验收。若一次不能完全成功，则需进行迭代循环，直到客户验收满意为止。

② 数据结构的基本知识。因为这些软件的实现程序，多数都是面向过程的，而面向过程程序的基本特点是：程序等于算法加上相应的数据结构。

③ 面向过程的开发平台。当前的面向过程开发平台主要是 C、C++、Java 语言平台。

作为开发平台的特例，Delphi 是一种强类型的高级编程语言，支持面向过程、面向元数据和面向对象的开发方法。

由此可见，了解软件工程的基本知识，熟悉数据结构和开发语言，这是开发系统软件必备的技术。

1.7　软件管理全过程

软件管理是面向过程的。软件工程中的过程，是指软件生命周期中的时间序列。软件过程作为一个时间序列，它自然有起始点和终止点。例如，可以将一个软件的生命周期划分为市场调研、立项、需求分析、策划、概要设计、详细设计、编程、单体测试、集成测试、运行、维护、退役几个过程，前一过程的终止点就是后一过程的起始点。过程与阶段（Phase）有关，阶段与里程碑（Milestone）有关。某些重要里程碑的文档（通过评审和审计后）又称为基线（Baseline），如《软件需求分析规格书》《软件设计说明书》，它们都是基线。

面向过程管理（Procedure-Oriented Management）就是面向软件生命周期过程，对软件生命周期各阶段进行过程管理与过程改进。因为软件产品质量及软件服务质量的提高与改进，完全取决于软件企业软件过程的改善。无论是 CMMI 还是 ISO 9001，都是站在软件生命周期的层面上，去提高软件企业的过程管理素质。

软件组织的软件过程管理与改进，既面向开发全过程，又面向管理全过程。这个管理全过程，从软件项目立项开始，始终跟踪与监控整个软件生命周期的开发计划、配置管理计划、质量保证计划，直到软件项目结束为止。可视、可控、优化的白箱操作全过程，能保证软件工作产品的高质量。质量源于过程，过程需要改进，改进需要模型，改进永无止境，这就是 CMMI 精神。

在中国，软件企业内部的软件组织，都是按照 CMMI 阶段模型的 22 个过程域，来进行软件过程改进的。实施 CMMI 投入成本高，工作量大，属于重载过程管理。

以微软公司为代表的自成体系的一套过程管理文化称为"微软企业文化"，既不采用 CMMI，也不采用 ISO 9001，当然它也不否定 CMMI 和 ISO 9001，而是独创了自己的管理模式，来替代 CMMI 和 ISO 9001。该管理模式的特色是激励创新，培养开发人员标新立异的思维方式，以及既有个人的自由自在又有团队密切协同的企业精神。正因为有了这样的微软企业文化，才诞生了以微软操作系统 Windows 为代表的优秀软件产品。

敏捷文化的主要内容是：敏捷软件过程（Agile Process，AP）、敏捷方法（Agile Methodology，AM）、敏捷建模（Agile Modeling，AM）和极限编程（eXtreme Programming，XP）。实施敏捷文化投入成本低，工作量小，属于轻载过程管理。

当前，在过程管理与过程改进的三种模型中，起主导作用的还是能力成熟度模型 CMMI。注意，任何标准体系或过程改进模型的实施成功，都不能保证企业产品质量 100%的合格，而只能保证改进企业管理过程，最终导致软件产品和软件服务质量的提高。

评审、审计、跟踪、监控、测试、纠错是软件质量保证的基本方法，也是软件过程管理与过程改进的基本途径。软件过程中的评审，都要求在同行专家中进行，外行没有资格参与评审，也不建议领导参与评审。表 1-4 和表 1-5 是两张需求管理表，它们记录了需求管理过程中的详尽信息。

表 1-4 《用户需求报告/需求分析规格说明书评审记录表》（Review Table of Requirements）

项目名称					项目经理		
评审阶段	用户需求报告/需求分析规格说明书				第 次评审		
评审组组长			评审时间		评审地点		
评审组成员							
不符合项跟踪记录							
不符合项名称	不符合项内容	限期改正时间	实际改正时间	测试合格时间		测试员签字	审计员签字
评审意见							
评审结论							

评审组长签字：　　　　　　　　　　　　　　评审组成员签字：

表 1-5 《需求变更管理表》（Modification Table of Requirements）

项目名称		申请日期	
用户名称		审批日期	
变更原因		实际变更日期	
原来需求			
变更内容			
审批意见			

申请人：　　　　　　　　　　　　　　审批人：

《用户需求报告/需求分析规格说明书评审记录表》突出了不符合项的跟踪记录。不符合项就是有问题的项，主要指在系统功能、性能、接口上存在的遗漏或缺陷。一旦在评审中发现，就要马上记录在案。记录内容包括：不符合项名称、不符合项内容、限期改正时间、实际改正时间、测试合格时间、测试员签字、审计员签字。软件测试部门的测试员签字说明给出了测试合格证明。软件质量管理部门的审计员签字，表示审计了此项工作。只有当不符合项为零时，评审才能最后通过。因此，评审可能进行多次。评审意见可以指出文档中的强项和弱项。评审结论就是通过或不通过。

《需求变更管理表》是对需求变更过程的跟踪与管理。需求变更申请人一般为客户、客户代表、产品经理。需求变更审批人可以是项目经理、研发中心经理、高层经理。

同理，《概要设计说明书评审记录表/详细设计说明书评审记录表》的特色是：突出了设计说明书评审中的不符合项的跟踪记录。这些不符合项主要是在系统功能、性能、接口的设计上存在的遗漏或缺陷。一旦在评审中发现，就要马上记录在案。只有当不符合项为零时，评审才能最后通过。因此，评审可能进行多次。评审意见可以指出设计说明书中的不符合项、强项和弱项。评审结论就是通过或不通过。

表 1-6　《概要设计说明书/详细设计说明书评审记录表》（Review Table of Design）

项目名称					项目经理	
评审阶段	概要设计说明书/详细设计说明书				第　　次评审	
评审组组长			评审时间		评审地点	
评审组成员						
不符合项跟踪记录						
不符合项名称	不符合项内容	限期改正时间	实际改正时间	测试合格时间	测试员签字	审计员签字
评审意见						
评审结论						

评审组组长签字：　　　　　　　　　　　　　评审组成员签字：

各种评审记录表记录了软件开发过程中的大量评审记录与过程管理记录，这些记录的积累，为软件企业的软件测量数据库增加了巨大的财富。这些财富信息既为软件企业的科学管理与决策提供了良好的基础，又为软件企业进行 CMMI 4 级和 5 级评估做好了充分准备。

思考题 1

1.1　软件工程的 8 条基本原理中，您认为哪一条最重要？为什么？

1.2　为什么要选择软件生命周期模型？您最喜欢哪一个生命周期模型？为什么？

1.3　面向过程、面向对象、面向元数据三种方法，您最喜欢哪一个方法？为什么？

1.4　除了面向过程、面向对象、面向元数据三种方法，您还能创新什么方法？为什么？

1.5　您认可"五个面向"实践论吗？为什么？

1.6　软件开发过程与软件管理过程到底包含哪些内容呢？

1.7　三个模型（功能模型、业务模型和数据模型）分别对应三层体系结构中哪三个层次？

1.8　为什么说，软件产品质量及软件服务质量的提高与改进完全取决于软件企业软件过程的改善？

1.9　在软件工程中，为什么是文档指导程序，而不能程序指导文档？

第2章 数据库设计理论与设计模式

本章导读

本章讨论两个问题：一是数据库设计的最新理论，二是在最新理论指导下的数据库设计模式。数据库设计的最新理论和设计模式是作者率先提出的"四个原子化"理论（属性原子化、实体原子化、主键原子化、联系原子化），以及在该理论指导下产生的五个数据库设计模式。作者还提倡用简单明快的"四个原子化"理论代替深奥莫测的"六个范式"理论，因为"四个原子化"理论完全覆盖了"六个范式"理论。如果将六个范式理论称为数据库规范化设计的旧理论，那么"四个原子化"理论就是数据库规范化设计的新理论。

我们还将知道：关系数据库的精髓，就是一张二维表加上"四个原子化"理论。因为"二维表"彻底解决了数据库原理问题，"四个原子化"理论彻底解决了数据库规范化设计问题。也许有人问，关系数据库中的事务原子性处理也很重要，为什么排除在精髓之外？因为操作系统中原语的处理已体现和解决了原子性问题，所以与原语相仿的事务原子性处理，不具备开创性，被排除在关系数据库的精髓之外。

五个数据库设计模式只是加快了数据库设计的速度，提高了数据库设计的质量。数据库设计的最新实践工具是 CASE 工具 Power Designer。本章讲述数据库规范化设计的最新理论与设计模式，第 3 章讲述数据库规范化设计的最新实践 CASE 工具 Power Designer。

表 2-1 列出了读者要了解、理解和关注的主要内容。

表 2-1 本章要求

要　求	具　体　内　容
了　解	（1）为什么要建立数据库规范化设计理论 （2）通俗地理解第一范式、第二范式、第三范式 （3）数据库规范化设计的优点和缺点 （4）对数据库设计规范化的范式理论进行反思
理　解	（1）"四个原子化"理论：属性原子化、主键原子化、实体原子化、联系原子化 （2）数据库设计的五个模式
掌　握	（1）"第三者插足"设计模式 （2）"列变行"设计模式

2.1 设计模式基本概念

1. 模式（Pattern）

模式一词的范围很广，它标志事物之间隐含的共同规律关系，这些事物可以是实体、对象、图形、图像，也可以是文字、数字、抽象的关系，甚至可以是社会制度、政治体制、经济体制、发展道路、企业文化、思维方式。模式强调的是形式上的规律，而非实质上的规律。

模式是前人经验积累的抽象和升华，是从不断重复出现的事件中，发现和抽象出来的规律。也就是说，只要是一再重复出现的事物，就可能存在某种模式。因此，模式是对客观事物的内外机制的直观而简洁的描述，是高深理论的简化形式，它可以向人们提供客观事物的整体规律。

由此可见，模式并不神秘，它是解决某一类问题的方法论。你把解决某类问题的方法总结归纳到理论高度，那就是你发现的模式。

事实上，各学科和行业均有自己固定的模式，任何模式都是处在不断发现、发展和创新之中。从这个观点出发，我们得出如下结论："在模式面前人人是平等"。因为人人可以总结模式、人人可以发现模式、人人可以发展模式、人人可以创新模式、人人可以利用模式、人人可以享受模式。

模式又可以细分为分析模式、设计模式、实现模式。

模式不是模板（Template），因为模板是印制样板，就是一个具体的框框，完全可以"照葫芦画瓢"。模式没有模板那样死板，模式比模板灵活得多。

2. 设计模式（Design Patterns）

最早的设计模式是从建筑领域（Christopher Alexander）开始的。如今，对设计模式有多种多样的定义或解释：

❖ 设计模式是大量设计实践的经验结晶，而不是一个设计体系。

❖ 设计模式是被前人发现并经过总结而形成的一套某一类问题的一般性设计解决方案，而不是被设计出来的一套定性规则。

❖ 设计模式是一种指导设计的哲学思想，不像数据结构与算法分析那样可以照搬照用。

在软件行业，大家知道程序是软件的基础。但是，开发一个优秀的软件系统最困难之处不在于编码（coding），而是在于需求（requirement）和设计（design）。当需求确认以后，关键就是设计。设计是软件开发生命周期中的核心阶段，好的设计能产生好的软件产品质量。

怎样提高设计者的水平、提高设计质量呢？可以这么说，设计模式就是解决这一问题的灵丹妙药。设计模式是拥有多年设计资历人的经验、灵感与智慧的结晶，这种结晶用模式的形式表示出来。拥有了这些模式后，别人就能提高设计水平，做出优秀设计。设计模式还提高了软件复用的水平，从而提高软件生产效率。

例如，1995 年，在 Java 程序设计的大量实践中，美国的"四人帮"（Gang of Four：Erich Gamma, Richard Helm, Ralph Johnson, and John Vlissides）总结、发现、创新了 23 种面向对象程序设计模式，对全世界的 Java 和 C++程序员进行了无私帮助，从而使得他们四人在面向对象程序设计世界中大出风头。

现在的问题是：在软件世界中，除了"面向对象程序设计模式"，是否还有其他未被"总结、发现、发展、创新、利用、享受"的设计模式呢？有！这就是数据库设计模式。

　　软件企业家李开复的名言是"世界因你不同"。在这句名言的启迪下，在面向对象程序设计模式的启发下，在国内外前人数据库设计经验的基础上，2010年，作者"总结、发现、发展、创新、利用、享受"了数据库设计模式，系统而全面地提出了五种数据库设计模式，对全世界的数据库设计工程师是一种无私帮助。

3．数据库设计模式（Database Design Patterns）

　　这里讲的数据库设计模式，不是数据库体系结构中的三级模式，即内模式（Internal Schema）、模式（Schema）和外模式（External Schema），而是应用数据库的设计模式。

　　关系数据库设计既是一门科学（因为它有坚实的理论基础），又是一门艺术（因为它有很多的技巧），这些科学与艺术的结晶，就是数据库设计模式。

　　数据库设计模式是什么？它是长期、大量、多次数据库设计实践经验的结晶，是经过总结而形成的数据库设计问题的解决方案，是指导数据库设计的哲学思想，是数据库设计的一套规则与艺术，是帮助数据库设计的初学者迅速成长为数据库设计高手的良师益友。

　　这里的数据库设计模式是指关系数据库设计模式，蕴含在数据库需求分析、概念数据模型 CDM（Conceptual Data Model）设计、物理数据模型 PDM（Physics Data Model）设计、数据库运行与维护中。

　　数据库设计模式既是一个实践问题，又是一个理论问题，但归根到底是一个实践问题。只要在实践中坚持运用这些模式，你就能在数据库设计的汪洋大海中自由自在地航行。

　　数据库是存储和处理数据用的，既是一切信息系统的基础与核心，又是一切数据仓库系统中数据的主要来源。数据库设计的目的是为信息系统在数据库服务器上建立一个好的数据模型。

　　严格地讲，站在软件生命周期（分析、设计、实现、测试、维护）的角度上，面向对象程序设计模式实质上是属于软件实现级别上的模式，即编程级别的模式。而数据库设计模式才是真正属于软件设计（包括软件分析）级别的模式。

4．实体与对象及表

　　数据库设计分为概念数据模型 CDM 设计和物理数据模型 PDM 设计两个阶段，数据库的设计对象（实体集和表）在概念数据模型设计时被称为实体集，在物理数据模型设计时被称为表。一般而言，实体集与表是互相对应的。

　　引入面向对象的概念后，数据库中的实体集（或表）被称为类，实体（或记录）被称为对象。所以在数据库分析与设计中，实体与对象这两个名字有时不加区分，它们具有一定的通用性。

2.2　数据库中的四种表

　　网络是知识的海洋，海洋中的知识都是数据，数据都存放在数据库服务器中，数据库服务器中有许多表，这些表才是存储数据的具体地方。

　　站在数据库设计者的角度上看，数据库中的这些表应该分为四种表：基本表、代码表、中间表和临时表。那么，这四种表是如何定义的呢？它们之间有什么区别呢？为什么要区别它们呢？这就是本节要研究的问题。

1. 数据库中的四种表

数据库是表的集合，表由字段组成，表中存放记录。记录的数据可以是原始数据、信息代码数据、统计数据和临时数据四种，所以可将表分为基本表、代码表、中间表和临时表。

存放原始数据的表称为**基本表**。

存放信息代码数据的表称为**代码表**（又称为数据字典）。

存放统计数据的表称为**中间表**（又称为查询表）。

存放临时数据的表称为**临时表**。

信息源产生的数据称为原始数据。原始数据是要采集并录入的数据，是软件系统中未加工处理的数据。

原始数据和信息代码数据统称基础数据。基本表和代码表统称基表。只有基本表对应实体，因为它们存放信息源产生的数据。实际上，基表名及其字段名就是元数据。这里讲的元数据由如下定义给出：

元数据是关于基础数据的数据，或组织基础数据的数据。

中间表和临时表存放由基表派生出来的统计分析数据，即存放加工处理后的记录，它们只对应查询格式、统计报表或临时数据。它们虽然是表，但不是实体，所以它们之间没有关联，也没有主键、外键。

数据库设计主要是指基本表设计，当然包括代码表、中间表、临时表和视图的设计。基本表的设计较难，代码表、中间表、临时表和视图的设计较易。

注意，数据库中的表大部分是中间表和临时表，少数是基本表和代码表。基本表是数据库中众多表的关键少数，这是由基本表的特性决定的，设计者要牢牢抓住这个**关键少数**。

另外，数据库管理系统只能认识表，不能区别表的性质。不管什么表，它都是用 CREATE TABLE 语句建立的。所谓四种不同性质的表，只是设计者头脑中的概念而已。这个概念很重要，有无这个重要概念是区分数据库设计人员水平高低的重要标准。

实体－联系（E-R）图实质上是基本表关系图。因为中间表、临时表不是实体，所以它们不能出现在 E-R 图中。代码表很简单（一个代码表往往只有两三个字段，表中的记录条数也十分有限），所以在 E-R 图中往往被忽略。这样，E-R 图才显得简单清晰。

2. 基本表的特性

基本表与中间表、临时表不同，因为它具有如下 4 个特性。

❖ 原子性：基本表中的字段是不可再分解的。

❖ 原始性：基本表中的记录是原始数据（信息源产生的数据）记录。

❖ 演绎性：由基本表与代码表中的数据可以派生出所有的输出数据。

❖ 稳定性：基本表的结构是长期稳定的，表中的记录是需要长期保存的。

在上述四个特性中，原始性特别重要，是指基本表中存放的信息是应用系统中信息源产生的信息。任何一个应用系统，不管它如何庞大、如何复杂，它的信息源（原始数据录入点）的个数都是不多的、可数的，因此它的实体个数是有限的，由实体组成的 E-R 图是简单、可控的，而且主要实体的个数一般不会超过 10 个。

理解基本表的性质后，在设计数据库时能将基本表与中间表、临时表区分开来。

3. 基本表的概念是相对的

一方面，基本表的概念如此特殊、如此重要，另一方面，基本表本身又是相对的，不是绝对的。这个相对与绝对的概念是从信息系统的功能与范围来决定的。例如，对于一般的管理信息系统而言，原始数据通常是指人工信息源中所产生的数据，像人工书写或记录的单据；对于数据仓库而言，原始数据主要是指从管理信息系统中已经获得的各种类数据经过抽取、清洗之后，存放在数据仓库的事实表和维表中。站在数据仓库的立场上，事实表和维表就是数据仓库的基本表。站在数据库的立场上，事实表和维表就不是数据库的基本表，而是数据库的查询表（中间表）。这就清清楚楚地说明了基本表的相对性。

由于事实表和维表的特殊性，难怪在数据仓库中，人们花费那么多的时间与精力去研究事实表和维表，难怪在数据库原理中要介绍数据仓库简明原理。

4．代码表

代码表又称为用户"数据字典"，是存放单位代码、物资代码、人员代码、科目代码等信息编码的表。代码标准先向国际标准看齐，再向国家标准看齐，然后向省部级标准看齐，最后向本单位标准看齐。

5．中间表（查询表）和临时表

中间表是存放统计数据的表，是为数据仓库、输出报表或查询结果而设计的，往往没有主键、外键，也不需要主键和外键（数据仓库除外）。临时表是程序员个人设计的，存放临时记录，为程序设计临时所用。

中间表是存放统计数据的表，是为数据仓库、输出报表或查询结果而设计的，往往没有主键和外键，也不需要主键和外键（数据仓库除外）。

临时表是程序员个人设计的，存放临时记录，为程序设计临时所用。

由基本表和代码表构成的基表由数据库管理员 DBA 维护，中间表和临时表由程序自动维护。在软件系统运行前，基本表需要初始化，中间表和临时表不需要初始化。这里讲的初始化是指向基表中追加记录，使基本表具备运行条件。

【例 2-1】 消除对 E-R 图的误区。曾经有人认为，电力财务系统的主要表有 500 多张，所以该系统有 500 多个实体；税务系统中的表有 1000 多张，所以该系统的实体也有 1000 多个。这种说法对吗？

答：不对。

那么，他们到底错在哪里？错在将基本表、代码表、中间表、临时表混为一谈了，将这四种表都视为基本表（或实体集）。因此，他们的 E-R 图要么画不出来，要么画出来极其复杂，使人一看就头晕目眩。实际上，只有基本表对应的实体才是真正的实体，才能出现在 E-R 图上。中间表、临时表不对应实体，也不会出现在 E-R 图上。代码表设计简单、但数量繁多，如果出现在 E-R 图上，使得 E-R 图的图形复杂而烦琐，显得重点不突出，所以在 E-R 图上省略。由此可见，E-R 图是组织原始数据的实体联系图，不是组织统计数据的联系图。这是因为：只有原始数据（或基表）之间才存在联系，统计数据（查询表或中间表）之间不存在联系。统计数据在本质上都是原始数据的视图，只是有些视图的算法比较复杂而已。

同理，电力财务系统有 500 多个实体也是不对的。由此可见，只有正确认识四种不同性质的表，才能消除对 E-R 图的误区。

通过这个例子可以看出，在数据库设计的广大技术队伍中，还有不少人只是数据库设计的初学者，真正的高手只是极少数。

根据以上分析，我们得出如下推论：数据库中表之间的联系是指基本表之间的联系。

6．基本表的数目越少越好

对于同一个信息系统，数据库设计中的基本表个数不是越多越好，而是越少越好。只有基本表的个数少了，才能说明系统中的信息进行了高度集成，每个基本表确实对应了原始单据，基本表中的记录确实是原始信息记录。

在信息系统中，所谓数据集成，实质上是基本表的集成。

系统信息高度集成后，必定产生两个结果，一是基本表的个数少，二是基本表中的字段个数少。这两个"少"最后导致数据库中的数据字典条目少，既节省了存储空间，又减少了运行时间，使数据库设计的性能达到了最优。

对于信息系统来说，数据库设计太重要了，数据集成就更重要了。如果在数据库设计中犯了错误或有所疏忽，想用程序设计进行补救，那么程序设计不但非常复杂，而且其补救效果也值得严重怀疑。因此，软件人员必须牢牢记住：按照数据库设计来编写程序，而不要按照程序编写来设计数据库。这就是程序设计可以打补丁、数据库设计不可以打补丁的道理。

7．视图是虚表

与基本表、代码表、中间表、临时表不同，视图是一种虚表，依赖数据源的实表而存在，这些实表是基本表和代码表。视图是供程序员使用数据库的一个窗口，是基本表数据综合的一种形式，是数据处理的一种方法，是用户数据保密的一种手段。为了进行复杂数据处理、提高运算速度、节省存储空间，视图的定义深度一般不得超过三层。若三层视图仍不够用，则应在视图上定义临时表，在临时表上再定义视图。这样反复迭代定义，视图的深度就不受限制了。

视图是从一个或几个基本表导出的表，是定义在基本表上的，是一个虚表。数据库中只存放视图的定义，不存放视图对应的数据，数据仍然存放在原来的基本表中。视图可以使用户眼中的数据库结构简单、清晰，并简化用户的数据查询操作。

对于某些与国家政治、经济、技术、军事和安全利益有关的信息系统，视图的作用更重要。这些系统的基本表物理设计后，立即在基本表上建立第一层视图，这层视图的个数和结构与基本表的个数和结构完全相同，并且规定，所有程序员一律只准在视图上操作。只有数据库管理员使用多个人员共同掌握的"安全钥匙"才能直接在基本表上操作。请读者想一想：这是为什么？

我们的结论是：数据库设计主要是基本表设计，谁抓住了基本表这个关键少数，谁就抓住了数据库设计的核心。

2.3 原始单据与实体之间的联系

为了方便起见，习惯上我们常常将"实体集"简称为"实体"，将"实体集"中的实体简称为"实例"。

为了讲清楚原始单据与实体之间的联系，首先给出如下三个定义。

所谓原始单据，就是信息源产生的单据。

所谓实体，就是一组相关元数据的集合。

所谓实例，就是实体在运行中的一次表现。

有了上述定义，今后我们就将实体集看作为实体，将实例看作为对象。

原始单据中的数据，就是原始数据。那么，原始单据与实体之间存在什么联系呢？

我们知道，数据库设计的工作之一是画 E-R 图，E-R 图上的元素是实体和联系。那么，实体在哪儿呢？即如何发现、找到、抽象出实体呢？我们说，实体就蕴涵在原始单据中！

原始单据与实体之间联系可以是一对一、一对多、多对一的联系：

❖ 在通常情况下，它们是一对一的联系，即一张原始单据对应且只对应一个实体。

❖ 在个别情况下，它们可能是一对多联系，即一张原始单据对应多个实体。

❖ 在特殊情况下，它们可能是多对一的联系，即多张原始单据只对应一个实体。

❖ 在任何情况下，它们都不可能是多对多联系。

明确这种联系，对数据库设计尤其对于录入界面与基本表之间的对应联系设计大有好处：

❖ 如果是一对一联系，那么一个原始单据的录入界面只对应一张基本表。

❖ 如果是一对多联系，那么一个原始单据的录入界面要对应多张基本表。

❖ 如果是多对一联系，那么多个原始单据的录入界面只对应一张基本表。

实体与基本表是同一个东西，在数据库概念数据模型 CDM 中叫做实体，在数据库物理数据模型 PDM 中叫做基本表。

【例 2-2】 在人力资源信息系统中，一份员工履历资料对应三个基本表：员工基本情况表、社会关系表和工作简历表，员工基本情况表是父表，社会关系表和工作简历表是子表，这就是"一张原始单据对应多个实体"的典型例子。在订单系统中，一张订单对应两张基本表：其中一张为订单头，存放订单的公有信息，它是父表，另一张为订单体，它是子表，存放每一种订购货物具体的规格、型号、单价、数量。父表与子表之间的一对多联系，通过父表主键 PK 与子表外键 FK 的连接来实现。

由于一个应用软件系统的原始单据数目是有限的，因此该应用系统的基本表数目也是有限的，也就是说，它的实体数目是有限的、不多的。

注意，原始单据与原始信息的概念是相对的，不是绝对的。例如，对于信息系统，原始单据就是信息源产生的单据，这些原始单据上的信息往往是人工采集的；而对于数据仓库系统，它的原始单据与原始信息就是来源于维表和事实表。维表和事实表就是数据仓库的原始单据，维表和事实表中的记录就是数据仓库的原始信息。

2.4 原始 E-R 图和现代 E-R 图

概念数据模型 CDM 的主要内容，就是 E-R 图。自从数据库设计的 CASE(Computer Aided Software Engineering)工具出现之后，E-R 图的外在表现与实质内容，都发生了根本性的改变。这种改变，表现在下面的两个例子中。

1. 原始 E-R 图

【例 2-3】 原始 E-R 图为实体－联系图，提供了表示实体、属性和联系的方法，用来描述现实世界的概念模型，图 2-1 是一张酒店信息系统的 E-R 图。

构成 E-R 图的基本要素是实体、属性和联系，其表示方法如下。

实体：用矩形表示，矩形框内写明实体名。

属性：用椭圆（圆泡）形表示，用无向边将其与相应的实体连接起来。

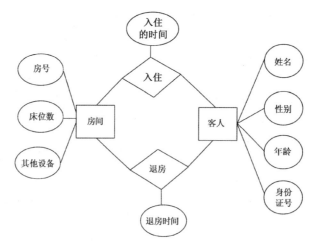

图 2-1 原始 E-R 图（"客人"与"房间"之间的多对多联系）

联系：用菱形表示，菱形框中写明联系名，用无向边分别与有关实体连接起来，同时在无向边旁标上联系的类型（一对多联系或多对多联系，一对一联系看作一对多联系的特例）。

在图 2-1 中，联系的无向边上未标上联系的类型（1:1, 1:n, n:n），作为练习，特意留给读者自己标上。在原始 E-R 图上标识这些联系是一件比较麻烦的工作。在现代 E-R 图上标识这些联系则是一件非常轻松的工作。这就是 CASE 工具 Power Designer 带来的高效快捷工作方式。

原始 E-R 图出现在 1976 年，是由 P.P.S.Chen 首先提出的。原始 E-R 图是数据库理论工作者喜欢的实体联系图，在历史上曾经起过积极作用。但是它存在许多缺点，例如：

❖ 如果一个实体的属性太多了，那么在原始 E-R 图上无法表示。

❖ 如果一个系统的实体太多了，那么在原始 E-R 图上无法表示。

❖ 如果一个系统的联系太多了，那么在原始 E-R 图上无法表示。

❖ 无法在原始 E-R 图上表示每个属性的类型、长度、精度。

❖ 无法对原始 E-R 图上每个对象进行放大、缩小、拖动等方面的操作。

❖ 无法自动产生实体数据字典、属性数据字典、联系数据字典。

❖ E-R 图的修改、维护很不方便。

❖ 无法自动地将原始 E-R 图（概念数据模型 CDM）转换为物理数据模型 PDM。

❖ 无法与数据库存储过程及数据库触发器两者挂钩。

❖ 无法用 CASE 工具快速设计，只能用简单工具慢慢设计。

❖ 原始 E-R 图占用较多的存储空间，而现代 E-R 图占用较少的存储空间。

❖ 画原始 E-R 图的工作量很大，画现代 E-R 图工作量很小。

❖ ……

一般而言，现代 E-R 图的设计速度与设计效率是原始 E-R 图的设计速度与设计效率的 1000 倍以上。

2. 现代 E-R 图

【例 2-4】 现代 E-R 图。我们用 CASE 工具 Power Designer 绘制酒店信息系统的 E-R 图，"客人"与"房间"之间的多对多联系，表现在"包房"和"退房"两个实体上，可以将这两个实体合并为一个实体"开房"，如图 2-2 所示，它就是一个现代 E-R 图。

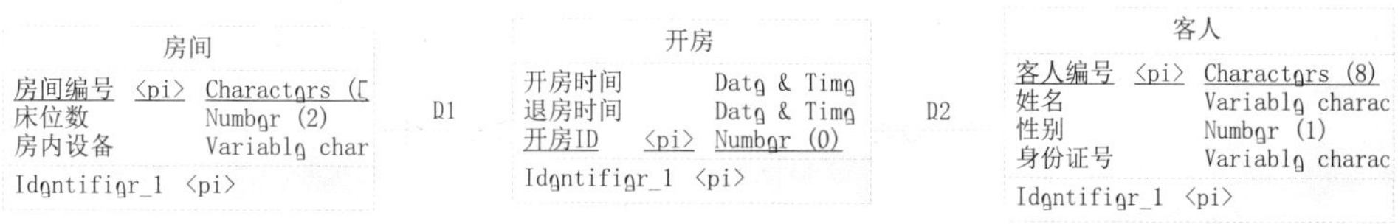

图 2-2　现代 E-R 图（"客人"与"房间"之间的多对多联系）

CASE 工具 Power Designer 出现于 1989 年，随后产生了用 CASE 工具设计的 E-R 图，我们称之为现代 E-R 图，也是 IT 企业软件工作者喜欢的 E-R 图。在 CASE 工具的支持下，现代 E-R 图克服了原始 E-R 图的所有缺点，使概念数据模型 CDM 和物理数据模型 PDM 的设计工作进入了一个工程化、自动化、实用化的崭新阶段，大大加快了数据库应用的发展进程。

考虑到原始 E-R 图的落后性与现代 E-R 图的先进性，从今以后，在数据库设计模式的论述中我们将完全抛弃原始 E-R 图，一律采用现代 E-R 图。

2.5　数据库设计的内容与步骤

数据库设计包括数据库需求分析、数据库概念设计、数据库物理设计三个阶段。索引、视图、触发器和存储过程都在数据库服务器上运行，所以被划分到数据库物理设计中。

1. 数据库需求分析

需求分析都是从业务流程开始的，这是因为：用户只能从业务流程上提出需求，而将功能、性能和接口需求置于业务流程中。软件开发的目标是满足用户的业务流程需求，并在流程中体现出功能、性能和接口需求。在需求分析时切记一句话："一定满足用户需要的功能和性能，尽量回避用户想要的功能和性能。"因为"需要"是必需的，"想要"是无止境的，而且"想要"常常会使问题扩大化，使数据库越来越大，使项目长期不能收尾。

用户的需要是从原始单据的录入、统计、查询、报表的输出开始的，中间可能有数据处理、传输、转换的问题，这些需要都应满足。一个聪明的分析者的分析要由表及里、由此及彼。也就是说，由用户的原始单据和报表分析应联想到数据库如何设计，以及设计中还有什么数据不清楚，需要用户进一步提供。

数据库需求分析的步骤是：收集系统所有的原始单据（信息源产生的数据）和统计报表，弄清楚两者之间的关系，写明输出数据项中的数据来源与算法。若原始单据覆盖了所有需要的业务内容，并且能满足所有统计报表的输出数据要求，则需求分析完成，反之继续分析。

因为元数据被定义为组织原始数据（或基础数据）的数据，所以在数据库需求分析中，元数据要一个不多一个不少地找出来，为下一步的概念数据模型 CDM 设计做好充分的准备。

一般而言，数据库的设计包括两部分：逻辑设计和物理设计。逻辑设计为业务需求建模，即设计出概念数据模型 CDM，无须考虑在哪里存储这些数据。物理设计包括将逻辑设计映射到物理设备上、利用可用的硬件和软件功能使得尽可能快地对数据进行物理访问和维护，物理设计的内容包括生成物理数据模型 PDM、建表、建索引等。本书将逻辑设计称为概念设计。

2. 数据库概念设计

数据库概念设计是指设计出数据库的概念数据模型 CDM，即 E-R 图和相应的数据字典（DD），如实体字典、属性字典、关系字典。ROSE 中规定，对象模型中的关系是连接两个类，数据模型中的关系是连接两个表。

实体就是一组相关元数据的集合。实例就是实体在运行的一次表现。

【例2-5】 "身份证号，姓名，性别，身高，体重，民族"这组相关元数据的集合就组成了"人"这个实体。而"370602199907275521，张三，男，1.8，90 汉族"是"人"这个实体的一次表现，不是一个实体，而是一个实例。如果将"体重"改为"毛重"，则"身份证号，姓名，性别，身高，毛重，民族"就不是一个实体，因为人不能用毛重、净重描述，猪和货物可以用毛重、净重描述。

概念设计的特点是：与具体的数据库管理系统和网络系统无关，相当于数据库的逻辑设计。

3．数据库物理设计

数据库物理设计指设计出数据库的物理数据模型 PDM，即数据库服务器物理空间的表、字段、索引、表空间、视图、储存过程、触发器，以及相应的数据字典。

物理设计的特点是：与具体数据库管理系统和网络系统有关。数据库物理设计的方法是：

<1> 确定关系数据库管理系统平台，即选定具体的 RDBMS。

<2> 利用数据库提供的命令和语句，建立表、索引、触发器、存储过程、视图等。

<3> 列出表与功能模块之间的关系矩阵，便于详细设计。

上述工作可以手工进行，若利用 Power Designer 或 ERWin 工具，则效率大大提高。

4．数据库设计的步骤

数据库设计有 10 个步骤，如表 2-2 所示。只有严格地执行上述 10 个步骤，一个大型数据库设计才会最终成功。

表 2-2　数据库设计的 10 个步骤

步　骤	设 计 内 容
第 1 步	将原始单据分类整理，理清原始单据与输出报表之间的数据转换关系及算法，澄清一切不确定的问题
第 2 步	从原始单据出发，划分各实体，给实体命名，初步分配属性，标识主键或外键，理清实体之间的关系
第 3 步	进行数据库概念数据模型 CDM 设计，画出 E-R 图，定义完整性约束
第 4 步	进行数据库物理数据模型 PDM 设计，将概念数据模型 CDM 转换为物理数据模型 PDM
第 5 步	在待定的数据库管理系统上定义表空间，实现物理建表、建索引
第 6 步	定义触发器与存储过程
第 7 步	定义视图，说明数据库与应用程序之间的关系
第 8 步	数据库加载与测试：向基表中追加记录，对数据库的功能、性能进行全面测试
第 9 步	数据库性能优化：从数据库系统的参数配置、数据库设计的反规范化过程的两方面，对数据库的性能进行优化
第 10 步	数据库设计评审：从数据库的整体功能和性能两方面，请同行专家评审评价

2.6　"四个原子化"理论

在面向对象的分析与设计中，人们都知道要采取对象主导型方法，不能采取属性主导型方法。因为对象决定属性，而不是属性决定对象。然而，这样简单明显的问题，在数据库的分析与设计中却长期存在争议。

人们要问：这究竟是为什么？

1．属性主导型方法与实体主导型方法之争

1970 年到 1974 年，关系数据库之父 Edgar Frank Codd 提出了关系模型、第一范式（1NF）、第二范式（2NF）、第三范式（3NF），与 Raymond F.Boyce 合作提出了 BCNF，取得了一系列突破性的成就。除此之外，有些数学家也在研究范式理论，这些数学家沿着"函数依赖、多值依赖、连接依赖……"的道路，一步一步地走进范式理论的数学迷宫：不断地创造新理论，不断地将属性重组，企图在重组中发现新的实体，这就是后来出现的 4NF、5NF、DKFN、6NF，我们将这种推理方法称为属性主导型方法。在属性主导型方法的指导下，范式级别越高，数学味道越浓，理解越不容易，实用价值越小。

属性主导型方法的基本思路是："消除关系中非主属性对码（主键）的函数依赖，将 1NF 关系转换成为若干个 2NF 关系；消除关系中非主属性对码（主键）的传递函数依赖，从 2NF 产生一组 3NF；消除关系中主属性对码（主键）的部分函数依赖和传递函数依赖，得到一组 BCNF 关系……"。

属性主导型方法存在两个弱点：一是它的着眼点是"属性"，而不是"关系"；二是它将"属性"视为"原因"，而将"关系"视为"结果"。这里的"关系"就是实体。

与属性主导型方法相反，作者提倡实体主导型方法。因为实体是客观存在的、有业务需求的、可互相区分的、不可再分解的事物，实体不是数学家可随意玩弄的游戏，不是可随便重组的对象。事实证明，是实体决定属性，而不是属性决定实体，有什么样的实体就有什么样的属性。也就是说，在数据库规范化过程中，实体是纲，属性是目，只有纲举才能目张。属性主导型方法恰恰违背这个基本事实，将范式理论带入了脱离软件工程实际的数学迷宫。

按照实体主导型方法，我们将属性主导型方法的两个弱点反过来看：不但将分析问题的着眼点落实到"关系"上，而不是落实到"属性"上，而且将"关系"视为分析问题的"原因"，从而把"属性"放在次要的地位。那么，关系数据库规范化理论就由六个范式理论变成了"四个原子化"理论，从而产生出数据库设计模式方法论，该方法论包括五个数据库设计模式（DataBase Design Patterns），即主从模式、弱实体插足模式、强实体插足模式、列变行模式、星系模式（或西瓜模式）。

2．"四个原子化"理论的内容

"四个原子化"理论的创立虽然是从通俗地理解范式理论开始的，但它高于范式理论，其目的是将深奥的范式理论从数学家的数学迷宫中解放出来，直接被 IT 企业的软件工程师所掌握，使其变为强大的生产力。

站在数据库设计者的立场，只要实现属性原子化、实体原子化、主键原子化、联系原子化（简称四个原子化），数据的所谓更新异常、插入异常、删除异常、数据冗余现象就从根本上消除了。

❖ 属性原子化（Property atomization），是指实体的属性本身不能再分解了。

❖ 实体原子化（Entity atomization），是指实体本身不能再分解了。

❖ 主键原子化（Primary Key atomization），是指实体的主键本身是一个 ID（identifier）字段。

❖ 联系原子化（Relationship atomization），是指实体之间的联系都是一对多联系（一对一或一对零联系被看作一对多联系的特例）。

"四个原子化"理论是指在设计数据库时实现属性原子化、实体原子化、主键原子化、联系原子化。按照上述四个约束条件，可以给出"四个原子化"理论的形式化定义，就是一个

五元组：

$$DBS(PA, EA, PKA, RA)$$

其中，DBS 是数据库模式（Schema）；PA 是组成数据库的所有属性都是原子的集合；EA 是组成数据库的所有实体都是原子的集合；PKA 是组成数据库的所有主键都是原子的集合；RA 是数据库中所有基表之间的联系都是原子联系的集合。

3."四个原子化"理论覆盖了"六个范式"理论

各级范式与"四个原子化"理论的"对应"关系如表 2-3 所示。即使今后再出现第 7 范式、第 8 范式……"四个原子化"理论照样成立。

表 2-3　各范式与"四个原子化理论"的对应关系

范式	对应的"四个原子化理论"
INF	属性原子化
2NF	主键原子化
3NF	实体原子化+主键原子化
BCNF	
4NF	
5NF	
DKNF	
6NF	

从表 2-3 中可以看出，与范式理论相比，"四个原子化"理论对数据库规范化约束的范围更大，条件更苛刻。例如：

① 在表 2-3 的第 3 行中，范式理论的 2NF 对应"四个原子化"理论的"主键原子化"，而主键原子化对于 2NF 不是必需的，因为组合主键的实体仍然可能符合 2NF，只是组合主键在建索引时要占用较多的空间。也就是说，主键原子化的约束功能比 2NF 的约束功能更强。同理，实体原子化加上主键原子化的共同约束功能，也比 3NF、4NF、5NF、6NF 强。因此，用一个"实体原子化+主键原子化"就可以对应 3NF 及其以上的各级范式，哪怕是将来出现的 7NF、8NF 等。由此可见，流行 40 多年的范式理论只不过是"四个原子化"理论的一个子集而已。

表 2-3 的比较中用的是"对应"，而不是"等于"。因为范式理论是建立在数学理论基础上的，而"四个原子化"理论是建立在软件工程理论基础上的，所以不能用"等于"。

② 还有一个"联系原子化"在表中未出现，而联系原子化要求实体之间的联系不能出现多对多的联系，从而消除了实体之间的广义笛卡儿积。

通过上述分析，我们已经知道：为什么范式理论实现数据库设计规范化的路漫漫，而"四个原子化"理论实现数据库规范化设计能一步到位。

4."四个原子化"理论的实现方法

怎样实现四个原子化？从宏观上说，就是坚持五个数据库设计模式的方法论。从微观上说，就是掌握下面介绍的四个问题。

（1）属性原子化的实现方法

属性为什么要原子化呢？这里的属性是指实体的属性，它对应关系数据库中二维表的一列，只有"列"是不可再分解的，二维表才是一张规范的表。属性原子化是关系数据库之父 Edgar F. Codd 首先提出来的，这是他的一大功绩。

怎样实现属性原子化呢？就是判断属性中是否包含新的更小的属性，若是，那么没有实现属性原子化，反之则实现了属性原子化。

（2）实体原子化的实现方法

实体为什么要原子化呢？首先申明，这里的实体实质上是指实体集，它对应数据库中的基本表。实体的"型"对应基本表的框架（表结构），实体的"值"对应基本表中的记录，我们将实体的"值"称为实例（记录）。无数事实证明，基本表中的数据更新异常、插入异常、删除异常的根源就是实体没有实现原子化。为了消除这个根源，就必须实现实体原子化。

怎样实现实体原子化呢？要认真审查实体的每个属性，因为实体是名词，不是形容词，更不是动词。所以在审查时，如果实体的某个属性是名词，该名词又有独立的业务需求或独立的物理意义，那么它很可能是一个新的实体。若真的是一个新的实体，则说明原来的实体没有原子化。于是应该将原来的实体分解为两个实体或多个实体，从而实现实体原子化。如此往复循环，直到实体原子化了为止。

（3）主键原子化的实现方法

主键为什么要原子化呢？因为主键有三项功能：一是表中记录的唯一标识，二是在主键上建立唯一索引，三是实现表之间的联系。只有将主键原子化了，才能很好地完成这三项功能：用一个 ID 字段这种最简洁的形式标识记录，在主键列上建立存储空间最小而运行速度最快的主索引，通过最简洁的方式来实现主表与从表之间的联系，所以主键必须原子化。我们提倡在主键上建索引，并不意味着反对在其他需要查询的字段上建索引。

有的人会说，主键不必原子化，可以用几个字段的组合来表示主键。例如，一个弱实体是多个强实体的从表，那么在这一个弱实体中就有多个外键，"多个外键"的组合值就是该弱实体的组合主键，该组合主键也能完成上述三项功能。我们说，虽然组合主键能完成上述三项功能，但完成的质量不佳，因为在完成上述三项功能时要占用更多的时间与空间。我们提倡主键原子化就是为了节省时间和空间。

在实际工作中，有的人甚至用实体的全部属性组合或绝大部分属性组合，作为实体的主键，这种做法就更不妥当了。

怎样实现主键原子化呢？很简单，因为现在的关系数据库管理系统（RDBMS）或对象-关系数据库管理系统（ORDBMS）都有唯一的标识字段类型，称为 ID 类型，用这种类型的字段做主键即可。ID 类型字段的优点有二：一是每调用一次，该字段的值自动加 1；二是该字段只是一串没有物理意义的数字串。即使 RDBMS 没有这样一个 ID 字段，软件人员设计并实现这样一个自动加 1 的函数，也是轻而易举的事。

在人口普查或户籍管理数据库中，人们常犯的一个错误就是将身份证号这个属性作为主键。其实，身份证号是有物理意义的，有物理意义的属性是不适合作为主键的，怎么办？用一个 ID 类型的字段作为主键，一切问题就解决了。

（4）联系原子化的实现方法

联系为什么要原子化呢？因为 RDBMS 或 ORDBMS 不能直接处理非原子联系，即不能直接处理实体之间的多对多联系，只能处理一对多联系，所以实体之间的联系必须原子化。联系原子化体现了关系数据库的本质特征。所谓关系数据库，实质上是处理实体之间一对多联系的数据库。

多对多联系本质上是两个实体之间的广义笛卡尔积，广义笛卡尔积中的多数元组无业务需求，即无物理意义，只有少数元组有业务需求，即有物理意义。我们的目的是挑选出有物理意义的元组，它是广义笛卡尔积的子集。这个挑选过程就是联系原子化的过程。

怎样实现联系原子化呢？"弱实体插足模式"和"强实体插足模式"两种数据库设计模式就是实现联系原子化的具体方法。"弱实体插足模式"和"强实体插足模式"的详细内容将在后面介绍。

从实现四个原子化的具体做法上，我们清楚地看到：它没有用到任何数学方法，全部都是软件工程方法。

5．原子化的相对性与绝对性

"四个原子化"理论中的"原子化"概念有的是相对的，有的是绝对的，这个相对与绝对的概念体现了软件工程中的实事求是、与时俱进的思想。

属性原子化是必须的，但不是绝对的，而是相对的。

【例2-6】 "姓名"是人的一个属性，对于中国汉族人来说，它已经原子化了。对于西方人来说，它可能还没有实现原子化，还必须将"姓"与"名"分开作为两个属性才行。

同理，实体原子化是必须的，但不是绝对的，而是相对的，它是相对于所定义系统的大小而言的。请看下面的例子。

【例2-7】 对于电脑销售商来说，主机是一个实体；对于电脑组装厂来说，主板是一个实体；对于主板生产厂来说，芯片是一个实体；对于芯片生产厂来说，……再如，对于宇宙来说，银河系是一个实体；对于银河系来说，太阳系是一个实体；对太阳系来说，地球是一个实体；对地球来说，国家是一个实体；对国家来说，省是一个实体；对省来说，县是一个实体；对县来说，乡镇是一个实体；对乡镇来说，村是一个实体；对村来说，居民是一个实体。

但是，对于主键原子化和联系原子化，它们就不是相对的，而是绝对的。

6．"四个原子化"理论的定理

凡是符合五元组 DBS(PA, EA, PKA, RA)定义的数据库就是一个规范化的数据库。

证明：因为"四个原子化"理论用属性原子化代替了第一范式，主键原子化代替了第二范式，实体原子化配合主键原子化代替了第三、四……范式，联系原子化消除了实体之间的广义笛卡尔积，只保留了广义笛卡尔积中有物理意义的子集，所以在该数据库模式中完全消除了数据的更新异常、插入异常、删除异常，同时消除了数据冗余的问题，使它成为一个规范化的数据库。

事实上，因为范式理论是"四个原子化"理论的一个子集，所以"四个原子化"理论的定理自然成立。

关于定理证明的说明如下：

① 因为范式理论已具备几十年的历史，尽管它在理论上并不完备，从而使得任何一级范式标准均不能 100%地保证数据库完全彻底地规范化，所以范式理论从一级一直发展到六级，甚至可能出现七级八级，但是每级范式在理论上还是较为严谨的，所以上述证明是用范式理论作为参考标准，来证明"四个原子化"理论。

② 从数学角度或形式化角度来看，上述证明也许不严谨。但是该定理不是一个数学定理，而是一个软件工程定理。在软件工程中，有些定理或定律是不需要从理论上严格证明的，只需要在实践中检验，因为实践是检验真理的唯一标准，如软件工程中的二八定理（或二八定律），从来没有人去证明过它，它却是放之四海而皆准的真理。

③ 如果在"四个原子化"理论对应的公理系统范畴内，必须从数学上给予严格证明，如证明其在理论上的正确性和完备性，那么可能将"四个原子化"理论拉回形式化表示的抽象概念中，最终回归到另一种新型的范式理论，即由软件工程问题退回到数学问题，这样做一方面违反了"四个原子化"理论的初衷，另一方面是一项困难的工作。

④ 对于这项困难的工作，也许在今后若干年，真的有人在"四个原子化"理论对应的公理系统范畴内，从数学上真正证明"四个原子化"理论的正确性和完备性，那么可以宣布范式理论寿终正寝。到时候全世界的数据库老师、数据库学生、数据库设计师都会皆大欢喜，庆祝解放。

7. "四个原子化"理论的推论

元组是属性的集合，关系是元组的集合，数据库是关系的集合，"属性、元组、关系、数据库"这四者之间实现规范化的充分必要条件是满足"四个原子化"理论。

从"四个原子化"理论的定义、定理与推论可以看出，关系数据库的精髓就是一句话：**一张二维表加上"四个原子化"理论**。谁吃透了这句话，谁就会成为数据库设计高手，谁就掌握了关系数据库的核心。

8. 最简单的东西往往最具有生命力

"四个原子化"理论的提出标志着数据库规范化进入崭新时代。因为范式理论只是数据库规范化在理论研究工作中的准则，而"四个原子化"理论才是数据库规范化的行动指南。有了"四个原子化"理论后，数据库规范化与数据集成化会变成一件简单、轻松、愉快的事情。

有的人会说，"四个原子化"理论太简单了。正是这样简单实用的理论往往能直接、快速地解决关系数据库设计规范化的问题。

事实上，对于 IT 企业的数据库设计人员来说，在具体设计数据库的过程中，没有必要、也没有可能去考虑什么"函数依赖、平凡函数依赖、非平凡函数依赖、完全函数依赖、部分函数依赖、传递函数依赖、多值依赖、连接依赖、无损连接、超码、候选码、1NF、2NF、3NF、BCF、4NF、5NF、DKFN、6NF 等范式"，他们只要根据经验，掌握"属性原子化、实体原子化、主键原子化、联系原子化"这个"四个原子化"理论就足够了。如果再掌握五个数据库设计模式方法论，就如虎添翼了。

9. 数据库规范化是一个软件工程问题

通过以上分析，我们清楚地知道："四个原子化"理论不是一种数学理论，而是一种软件工程理论。或者说，"四个原子化"理论至少是一个软件工程与数据库的交叉学科理论，而不是一个数学与数据库的交叉学科理论。就像面向对象中类的设计不是一个数学问题，而是一个软件工程问题一样，数据库规范化设计也不是一个数学问题，而是一个软件工程问题。因此，不能从数学角度上完全解决数据库规范化设计问题，只能从软件工程角度上完全解决数据库规范化设计问题。数学家的特点之一是善于将复杂问题简单化与将简单问题复杂化。六个范式理论显然是数学家将简单问题复杂化的结果。数学家企图用数学的方法完全解释或解决这样一个简单的软件工程问题，既不现实，也不可能。当然，从纯理论的思路来讲，范式理论是有道理的，人们并不排斥它，而是设法将纯理论转化到工程实施上，"四个原子化"理论不但恰如其分地承担了这个角色，而且在某些方面超越了这个角色。

简单实用的"四个原子化"理论给出了数据库规范化这一复杂难题的解释与解决方法，其效果如同画龙点睛，这就是"四个原子化"理论与六个范式理论之间的区别。

10. "四个原子化"理论不排除必要的数据冗余

没有冗余的数据库设计可以做到，没有冗余的数据库未必是最好的数据库，有时为了提高运行效率必须适当保留冗余数据，这就是用空间换时间的做法。

"四个原子化"理论不排除必要的数据冗余。也就是说，数据库设计存在适当冗余时仍然符合"四个原子化"理论。允许数据冗余就是增加派生字段，又称为增加"计算列"。这样有利于提高查询的效率。

【例 2-8】 商品表如表 2-4 所示。

表 2-4　商品表的表结构

商品名称	商品型号	单　价	数　量	金　额
电视机	29 英寸	2500	40	100000

"金额"字段表明该表的设计不满足第三范式，因为"金额"可以由"单价"乘以"数量"得到，说明"金额"是冗余字段。但是增加"金额"这个冗余字段，可以提高查询统计的速度，这就是以空间换时间的做法。

主键和外键在多表中的重复出现不属于数据冗余，这个概念必须清楚。非键字段的重复出现才是数据冗余，而且是一种低级冗余，即重复性的冗余。高级冗余不是字段的重复出现，而是字段的派生出现，这种派生字段被称为"计算列"。由此可见，"计算列"的值不是由信息源产生的数据录入的，而是由录入程序在录入其他列的值时，经过"计算"（即数据处理）后形成的，所以它不独立于其他列，不符合第三范式。但是，它不违反"四个原子化"理论中的属性原子化、实体原子化。这就说明，"四个原子化"理论中不存在所谓的反规范化问题。

商品有"单价""数量""金额"字段，"金额"是由"单价"乘以"数量"派生的，就是一种高级冗余，目的是提高处理速度。只有低级冗余才会增加数据的不一致性，因为同一数据可能从不同时间、地点多次录入。因此，应当提倡高级冗余（派生性冗余），反对低级冗余（重复性冗余）。

2.7 "四个原子化"理论与范式理论的比较

如果没有范式理论的问题与缺陷，就不会有"四个原子化"理论的提出和应用。"四个原子化"理论与"六个范式"理论之间可以进行如下全面比较。

1. "四个原子化"理论与"六个范式"理论的全面比较

"四个原子化"理论是从工程化的角度对"六个范式"理论的发展和创新。

"六个范式"理论与"四个原子化"理论的共同点是：两套是并行的理论，只有个别地方重叠，目标都是为了实现数据库规范化。不同点是：两套理论存在竞争关系，其竞争点表现在如下方面。

① "六个范式"理论不便于工程操作；"四个原子化"理论不仅便于工程操作，还有五个数据库设计模式的有力支持。

② "六个范式"理论偏重于理论研究，力图从理论上解释数据库规范化问题；"四个原子化"理论偏重于工程实践，力图从工程实践上解决数据库规范化问题。

③ 对于广大软件工作者尤其是数据库工作者来说，学习"六个范式"理论是一件事倍功半的事情，学习"四个原子化"理论是一件事半功倍的事情。

④ 对于数据库规范化的理论工作者来说，"六个范式"理论已经足够；对于数据库规范化的实践工作者来说，"四个原子化"理论加上五个数据库设计模式已经足够。

⑤ 关系模式的最大优点是将复杂问题简单化，只用一张简单的二维表就解决了复杂数据的存储和管理问题。"六个范式"理论的最大缺点是将简单问题复杂化，用了六个范式，也没有哪一级范式能够 100%地保证实现数据库规范化。"四个原子化"理论的最大优点是继承和发扬了关系模式将复杂问题简单化的思想，一步到位地解决并实现了数据库规范化。

⑥ "四个原子化"理论完全能代替"六个范式"理论，反之不然。因为"四个原子化"

理论对数据库规范化的约束范围覆盖了"六个范式"理论的作用范围。

　　"六个范式"理论与"四个原子化"理论的全面比较如表 2-5 所示。比较的栏目还可以增多，读者可以遍历"六个范式"理论的其他缺点与"四个原子化"理论的其他优点。如果从事数据库工程实践，"四个原子化"理论更适合；如果从事数据库理论研究，"六个范式"理论更适合。

表 2-5 "六个范式"理论与"四个原子化"理论的比较

	比较对象	"六个范式"理论	"四个原子化"理论
1	提出年份	1970—2002 年	2010 年
2	理论出发点	属性之间存在依赖关系	实体之间存在一对多联系
3	理论要害	属性决定实体	实体决定属性：实体是纲，属性是目，纲举目张
4	理论落脚点	理论的完善性	工程的实操性
5	创新点	1NF～6NF 全部创新	主键、实体、联系 3 个原子化，五个设计模式
6	理论特点	偏重形式化理论	偏重工程化理论
7	难易程度	难	容易
8	理论的作用	解释数据库未规范化的原因	解决并实现数据库规范化的问题
9	适用场合	理论研究	实践指南
10	规范化道路	从 1NF 到 6NF 甚至更多	一步到位
11	重叠部分	1NF	属性原子化
12	发展前景	未完全解决规范化，还可能出现 7NF	已完全解决规范化，不可能出现五个原子化
13	实用价值	在 IT 企业的实用价值很小	在 IT 企业的实用价值很大
14	致命缺点	实操性弱	暂未发现
15	理论深度	没有反映出数据库规范化的内在规律	深刻揭示出了数据库规范化的内在规律
16	理论高度	站在山谷（属性）里观看数据库规范化	站在山峰（E-R 图）上观看数据库规范化
17	哲理思想	简单问题复杂化	复杂问题简单化
18	根本原因	立足数据库规范化，是个数学问题	立足数据库规范化，是个软件工程问题
19	两者关系	只是"四个原子化"理论的子集	覆盖了"六个范式"理论
20	比较结论	不可替代"四个原子化"理论	可以替代"六个范式"理论

2．比较结论

　　"六个范式"理论从数学推理上看似乎完整严密，但是以属性为中心的推理规则限制了其理论高度，决定了它只是站在山谷里观看数据库规范化，既不可能观察到数据库规范化的内在规律，也不可能从根本上彻底地解决数据库规范化问题，最终只能在规范化的漫漫长路上无可奈何地默认规范到第三范式，最多规范到第四范式为止，从而导致它无法知道数据库规范化的"庐山真面目"。其实，在"六个范式"理论中，从第二范式开始，几乎是人为地制造一些非规范化的错误案例，然后从外部强加一些规范化的限制条件，来证明某一级范式理论，而且在证明中包含许多深奥莫测的数学理论，所以它一直都是数据库设计初学者的拦路虎，也不是数据库设计老手的良师益友。

　　应该说，关系数据库所以能长盛不衰，是它既简单方便，又理论完整。要说有什么不足，或者说有什么软肋，那就是"六个范式"理论了。因为"六个范式"理论提供的一套规范化理论、方法和步骤是一条无止境的"摸着石头过河"或"摸着扶手上楼梯"的纯数学理论的不规范道路，既没有彻底地解决数据库规范化问题，也没有切实地提供数据库规范化的具体方法，而且要求人们花很多精力去研究它的高深理论。

"四个原子化"理论主张"以 E-R 图为纲"，以主要实体为中心，所以它是站在山峰上观看数据库规范化，既深刻揭示出数据库规范化的内在规律，也可以看清楚数据库规范化的"庐山真面目"，而且有五个数据库设计模式方法论的强力支持，第一次指明了数据库规范化与数据集成化的具体实施方法，从而使得人们在数据库规范化的道路上再不要"摸着石头过河"或"摸着扶手上楼梯"了。

3. 研究"四个原子化"理论的目的

研究"四个原子化"理论和五个数据库设计模式方法论，其目的有三个：

① 冲破多级范式特别是高级范式的精神枷锁，使数据库设计者从数学迷宫的游戏中解放出来，回归到工程设计的本来面目中，从而集中精力、全心全意地投入到数据库设计与数据库编程中，而不被高深莫测的范式理论所折磨。因为数据库规范化不是一个数学问题，而是一个软件工程问题。

② 设身处地为绝大多数用户着想，这些人是为了学习并掌握数据规范化的基本知识，以便将来从事数据库设计与数据库维护工作，而真正从事数据库管理系统实现原理研究与实现技术研究的人并不是大多数。从这一点出发，数据库规范化设计也应该是"软件工程"课程的重点。

③ 对于软件企业来说，数据库领域的真正难题不是数据库的具体操作（建表、建索引、建视图、数据查询、存储过程、触发器、数据更新、数据备份、数据恢复、ODBC、JDBC 等等），而是数据库设计与数据集成，特别是高性能的大型数据库设计与数据集成。

掌握了"四个原子化"理论和五个数据库设计模式方法论，不但完全可以代替"六个范式"理论，而且可以成为一名数据库与数据仓库规范化设计的高手，从而真正理解关系数据库的精髓就是一句话：一张二维表加上"四个原子化"理论。"二维表"彻底解决了数据库原理问题，"四个原子化"理论彻底解决了数据库设计与数据集成化设计问题。

由此可见，在关系数据库几十年的发展历史上，具有里程碑意义的大事只有两件：

① 1970 年，Edgar F. Codd 发明关系是一张二维表，结束了层次模型数据库和网状模型数据库的生命进程，开辟了关系数据库的新时代。

② 2010 年，作者发明关系数据库规范化是"四个原子化"理论，结束了关系数据库规范化理论争论不休、范式理论无限升级的旧时代，开辟了关系数据库设计"四个原子化"理论的新时代。

2.8 数据库设计模式

任何模式都应通俗易懂、简明扼要、便于理解、易于记忆、使用方便、解决问题，数据库设计模式更应该如此。因为只有这样，模式才能被人们所掌握，才能普及，才能变为强大的生产力。

数据库设计模式正处在发展中，尤其是面向对象数据库设计模式还处在萌芽状态。但是，在"四个原子化"理论的指导下，关系数据库设计模式已经成熟。这些设计模式实质上是"四个原子化"理论揭示数据库规范化的内在规律。

本节论述关系数据库的五个设计模式，它们是：主从模式，弱实体插足模式，强实体插足模式，列变行模式，西瓜模式。

学会这五个模式，我们对数据库的需求分析、概要设计、详细设计、数据库实施与维护就能做到轻车熟路了。

2.8.1 主从模式

1. 主从模式的定义

所谓主从模式，就是由一个主表与一个从表组成一对多联系模式。

数据库设计中的"主从模式"，又叫"一对多模式""父子模式"或"母子模式"，它是数据库设计模式中最基本、最普通、最常见、最熟悉的一种模式。该模式描述了两个实体（或两个基本表）之间通过主键与外键，形成"一对多"联系。

事实上，关系数据库管理系统本质上只能处理表之间的一对多联系，即主从联系。一对一、一对零联系可以看作一对多联系的特例，多对多联系必须分解转化为一对多联系后，关系数据库管理系统才能处理。由此我们得出如下推论：

关系数据库管理系统是指管理表之间一对多联系的数据库管理系统。或者说，关系数据库管理系统是指管理表之间主从联系的数据库管理系统。

也许读者会问：关系数据库管理系统难道不能管理单独的一个表或几个表吗？回答是：当然可以。不过没有联系的单独几个表不能构成一个完整的数据库。反过来，任何一个完整的数据库都是由许多互相关联的表构成的。

2. 主从模式的案例分析

主从模式在数据库设计中有各种各样的表现，虽然理解它并不困难，但是在实践中灵活应用它却不容易。

【例2-9】 订单系统。

订单系统中的订单头与订单体之间的联系就是典型的一对多联系。一般，一张订单不只是订一种物品，而是订多种物品，因而需要两张表来描述。其中，第一张表为订单头，它是主表，描述订单中的共同信息；第二张表为订单体，它是从表，描述订单中每种具体订购物品的名称、型号、规格、单价、数量等信息，如图2-3所示。

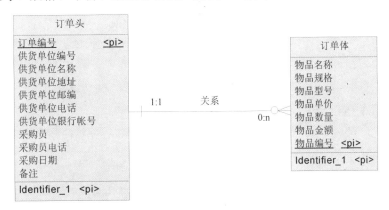

图2-3 订单系统中的订单头与订单体之间的联系

如果将"订单头"和"订单体"两个实体合二而一，作为一个实体"订单"，就违反了实体原子化的设计原则，也就是不符合 4FN 和 5FN 等范式标准了。

在现实生活中，订单头与订单体中的原始数据都是存放在一张原始单据中，所以订单这张原始单据与实体的联系是典型的一对多联系。这样，我们就会熟练地将各种不同的原始单据转化为数据库设计中的实体。否则，你还是一个门外汉。

【例 2-10】 网络论坛系统。

一个网络论坛系统通常有若干"板块"，每个板块可分为多个"专题"，网民对每个"专题"可以发布很多帖子。这时"板块"与"专题"、"专题"与"帖子"之间都是一对多联系。对同一份"帖子"，可能有多个回复，以表达各自的意见，这时一个"帖子"就有了多份"回复"，又构成了一个主从模式，如图 2-4 所示。

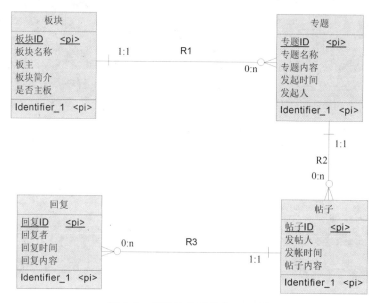

图 2-4　网络论坛系统的 E-R 图

容易发现，本例中的一对多联系有连续三层嵌套深度。虽然关系数据库管理系统对嵌套深度没有限制，但是连续超过三层嵌套深度将影响数据库的运行效率。所以，在数据库设计时应尽量避免出现连续超过三层嵌套深度。

【例 2-11】 薪资系统。

薪资系统必须将员工基本情况、员工个人简历、员工社会关系、员工月工资分开单独建表，如图 2-5 所示。尽管是四个基本表，但是它们只对应一个原始单据，该原始单据就是员工履历表，这又是原始单据与基本表之间的一对多联系，它也是一种典型的用主从模式设计出来的主从联系。

3. 主从模式的应用场景

什么时候用"主从模式"设计数据库呢？回答是：当出现下列情况之一时，就可以使用"主从模式"设计数据库。

- ❖ 当从表中的记录条数较多且不固定时。
- ❖ 当从表中的记录属性几乎没有差异时。
- ❖ 当从表的字段在数据库设计阶段能够完全确定时。
- ❖ 当从表的各条记录没有独立的业务处理需求时。

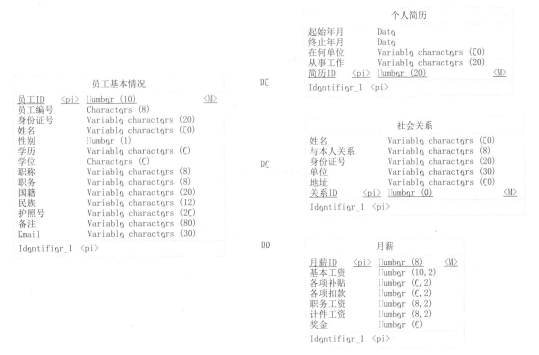

图 2-5　员工信息的 E-R 图

此时用主从模式设计数据库，将从表中各对象设计成从表的记录，使主表对象与从表对象建立一对多联系。注意，主表必须有主键，因为主表中每条记录都可能有子孙。若从表无子孙，则可以不定义主键，否则从表必须定义主键。

由于关系数据库管理系统本质上只能处理表之间的一对多联系，因此主从模式是数据库设计模式的基础，是最根本的模式。从这一点说，其他设计模式只是实现主从模式的手段或工具。也就是说，如果数据库中的表之间有联系，那么必须千方百计地将这些联系都转化为一对多联系，以便实现"四个原子化"理论中的联系原子化。

2.8.2　弱实体插足模式

"第三者插足模式"是数据库设计的关键技术，分为弱实体插足模式和强实体插足模式，本节专门论述弱实体插足模式（隐式插足模式）。

1. 弱实体插足模式的定义

数据库设计中的弱实体插足模式的解释是：如果两个实体（可推广到多个实体）之间的联系非常复杂，那么它们之间可能存在多对多的联系。处理多对多联系的方法是在它们之间插入第三个实体（新增的实体实质上是原来两个实体之间笛卡尔积的子集），使原来的多对多联系化解为一对多联系。由于这里的第三个实体是一个复杂的关系，而复杂关系是一个弱实体，因此这种数据库设计模式叫做"弱实体插足模式"。由于多对多联系的两个实体之间原先没有实体，后来的关联实体是数据库设计者新增的，该新增实体不会有独立的业务处理需求，它只是作为原来两个实体之间的关联实体。

实体之间的多对多联系是实体之间笛卡尔积的具体表现。若两个实体之间存在多对多的联系，那么这种联系就是一种复杂联系，具体表现是这两个实例集相乘后得到的一个庞大的新的实例集，该实例集就是这种复杂联系。

2．弱实体插足模式的案例分析

在数据库设计中，为了深刻理解与灵活运行弱实体插足模式，下面列举多个例子，供读者分析和思考。

【例2-12】 老师与课程。

某学院有100位老师（构成"老师"实体集），共开设100门课程（构成"课程"实体集），"老师"实体集与"课程"实体集之间是多对多联系，如图2-6所示。它们的笛卡尔积是这种多对多联系的具体表现，这个笛卡尔积有1万（100×100）个实例，即1万条记录。事实上，任何一位老师不可能上100门课，任何一门课也不可能被100位老师上。所以在这1万条记录中，真正有意义的只是其中的小部分。这小部分有物理意义的实例即真正上课的"老师"与真正被老师上课的"课程"，称为"笛卡尔积的子集"。数据库设计就是将这个"笛卡尔积的子集"找出来，窍门就是"善于认别与正确处理两个实体之间的多对多联系"。

图2-6 "老师"与"课程"的多对多联系

若两个实体之间存在隐式的多对多联系，则应消除这种联系。消除的办法是，在两者之间增加第三个实体，如图2-7所示。这样，原来一个多对多的联系变为两个一对多的联系。

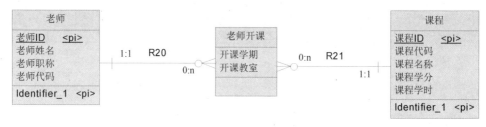

图2-7 弱实体插足模式的E-R图

剩下的问题是：将原来两个实体的共同属性分配到新增加的第三个实体中，将原来两个实体的主键当作第三个实体的外键。这里新增的第三个实体实质上是"笛卡尔积的子集"，对应一张基本表。这样的基本表对应的实体被称为"弱实体"。在本例中，弱实体就是"老师开课"。可见，弱实体本质上是一种复杂的关系。

【例2-13】 酒店信息系统。

在"酒店信息系统"中，"客人"是一个实体，"房间"也是一个实体。这两个实体之间的联系是一个典型的多对多联系：一位客人在不同时间里可以住多个房间，一个房间在不同时间里又可以有多位客人住宿，如图2-8所示。酒店中的客人必须对应房间，而房间不一定必须对应客人。因为有个别房间可能长期自用，对客人不开放。

为了将上述的多对多联系化解为一对多联系，必须在房间与客人这两个实体之间增加第三个实体，如图2-9所示。

其中"开房"实体，是一个弱实体，它起到了"第三者插足"的作用：将原来一个多对多的联系化解为现在的两个一对多联系。

图 2-8　"客人"与"房间"之间的多对多联系

图 2-9　酒店管理信息系统 E-R 图

3．发现多对多联系困难，处理多对多联系容易

一般，数据库设计工具不能识别多对多的联系，但能处理多对多的联系。所以，数据库设计师的工作重点是发现（识别）这种多对多联系。事实证明，发现这种多对多联系有时非常困难，处理这种联系常常比较容易。

【例 2-14】　港口信息系统。

作者参与某港口信息系统的数据模型设计，项目组开始想当然地认为"船舶"与"货物"两个实体之间是一对多联系，如图 2-10 所示。因为一条船很大呀，一票货很小。程序也按一对多联系的思路设计，可是在试运行时，港口仓库和堆场的货位上总是奇怪地出现货物的件数与重量为负数的情况。怎么办？问题在哪里？

船舶　　　　　　　　　　　　　　　　　　　　货物
船编号	<pi> Variable characters (20)	<M>		货物编号	<pi> Variable characters (20)	<M>
船名	Variable characters (40)	<M>		名称	Variable characters (30)	<M>
船主	Variable characters (40)	<M>		总件数	Number (6)	<M>
国籍	Variable characters (30)	<M>		总重量	Number (0,2)	<M>
船类型	Characters (2)	<M>		总体积	Number (0,2)	<M>
吃水深度	Number (6,2)	<M>		收货人	Variable characters (60)	<M>
到港时间	Date & Time	<M>		发货人	Variable characters (60)	<M>
离港时间	Date & Time	<M>		Identifier_1 <pi>		
泊位	Variable characters (20)	<M>				
Identifier_1 <pi>						

图 2-10　"船舶"与"货物"的一对多联系

为了此事，项目组不知道动了多少脑筋，开了多少次讨论会，始终没有找到问题的根子。实践是最好的老师。项目组经过现场调研，发现"船舶"与"货物"两个实体之间不是一对多联系，而是多对多联系（如图 2-11 所示），即一票货可装多条船、一条船可装多票货，因为一条船最多只能装几十万吨，而一票货有时到上百万吨。即使一票货很小，如两件行李货物，也可以分两批装在两条船上运送。

在图 2-11 中，"船舶"与"货物"两个实体之间虽然是多对多联系，但是"船舶"一边是强制联系，"货物"一边是非强制联系。也就是说，一条船可以载零或多票货物，而一票货物必须有一条或多条船载它。

事实证明，发现两个实体之间多对多联系有时非常困难，而处理这两个实体之间的多对多联系却非常容易。项目组只花了几个小时，不但修改了 E-R 图，如图 2-12 与图 2-13 所示。而且修改了程序，系统试运行一切都正常了，正式运行也很快开始，所有问题全解决了。

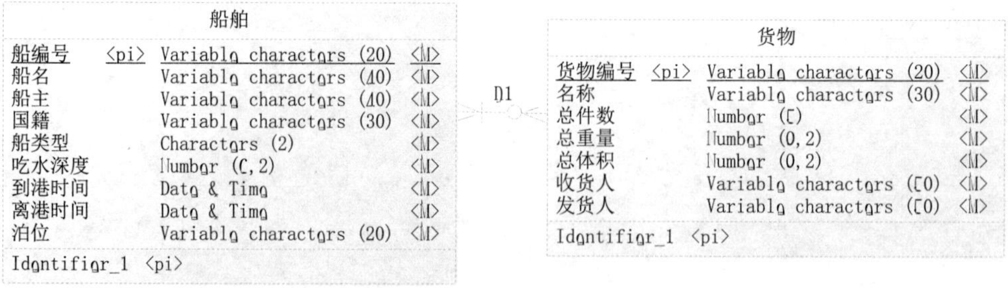

船舶

船编号	\<pi\>	Variable characters (20)	\<M\>
船名		Variable characters (40)	\<M\>
船主		Variable characters (40)	\<M\>
国籍		Variable characters (30)	\<M\>
船类型		Characters (2)	\<M\>
吃水深度		Number (C, 2)	\<M\>
到港时间		Date & Time	\<M\>
离港时间		Date & Time	\<M\>
泊位		Variable characters (20)	\<M\>
Identifier_1 \<pi\>			

货物

货物编号	\<pi\>	Variable characters (20)	\<M\>
名称		Variable characters (30)	\<M\>
总件数		Number (C)	\<M\>
总重量		Number (0, 2)	\<M\>
总体积		Number (0, 2)	\<M\>
收货人		Variable characters (50)	\<M\>
发货人		Variable characters (50)	\<M\>
Identifier_1 \<pi\>			

图 2-11 "船舶"与"货物"之间的多对多联系

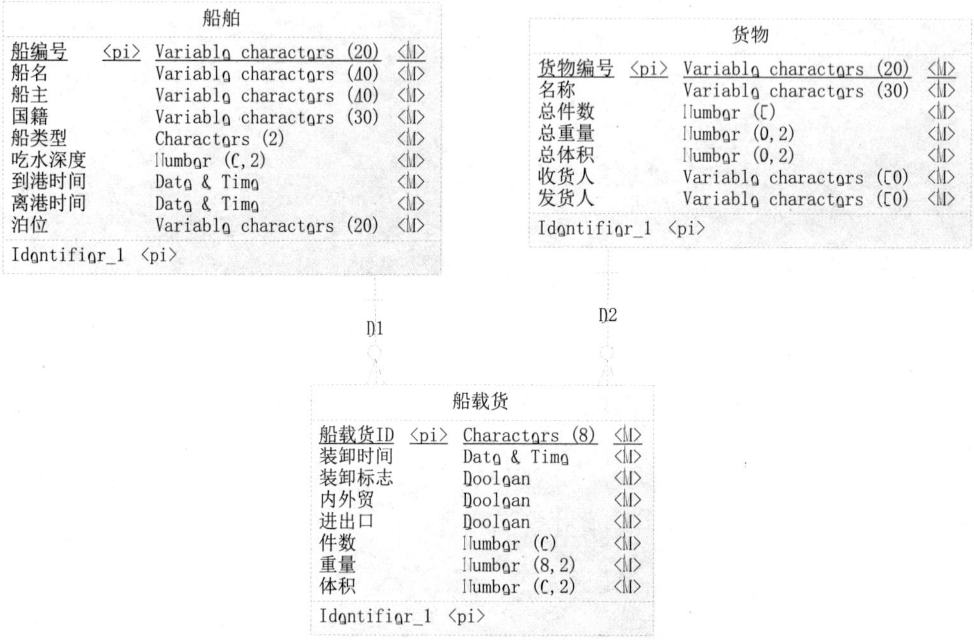

船舶

船编号	\<pi\>	Variable characters (20)	\<M\>
船名		Variable characters (40)	\<M\>
船主		Variable characters (40)	\<M\>
国籍		Variable characters (30)	\<M\>
船类型		Characters (2)	\<M\>
吃水深度		Number (C, 2)	\<M\>
到港时间		Date & Time	\<M\>
离港时间		Date & Time	\<M\>
泊位		Variable characters (20)	\<M\>
Identifier_1 \<pi\>			

货物

货物编号	\<pi\>	Variable characters (20)	\<M\>
名称		Variable characters (30)	\<M\>
总件数		Number (C)	\<M\>
总重量		Number (0, 2)	\<M\>
总体积		Number (0, 2)	\<M\>
收货人		Variable characters (50)	\<M\>
发货人		Variable characters (50)	\<M\>
Identifier_1 \<pi\>			

R1   R2

船载货

船载货ID	\<pi\>	Characters (8)	\<M\>
装卸时间		Date & Time	\<M\>
装卸标志		Boolean	\<M\>
内外贸		Boolean	\<M\>
进出口		Boolean	\<M\>
件数		Number (C)	\<M\>
重量		Number (8, 2)	\<M\>
体积		Number (C, 2)	\<M\>
Identifier_1 \<pi\>			

图 2-12 "船舶"与"货物"的 CDM

船舶

船编号	varchar(20)	\<pk\>
船名	varchar(40)	
船主	varchar(40)	
国籍	varchar(30)	
船类型	char(2)	
吃水深度	numeric(C, 2)	
到港时间	datetime	
离港时间	datetime	
泊位	varchar(20)	

货物

货物编号	varchar(20)	\<pk\>
名称	varchar(30)	
总件数	numeric(C)	
总重量	numeric(0, 2)	
总体积	numeric(0, 2)	
收货人	varchar(50)	
发货人	varchar(50)	

FK_船载货_REFERENCE_船舶   FK_船载货_REFERENCE_货物

船载货

船载货ID	char(8)	\<pk\>
货物编号	varchar(20)	\<fk1\>
船编号	varchar(20)	\<fk2\>
装卸时间	datetime	
装卸标志	bit	
内外贸	bit	
进出口	bit	
件数	numeric(C)	
重量	numeric(8, 2)	
体积	numeric(C, 2)	

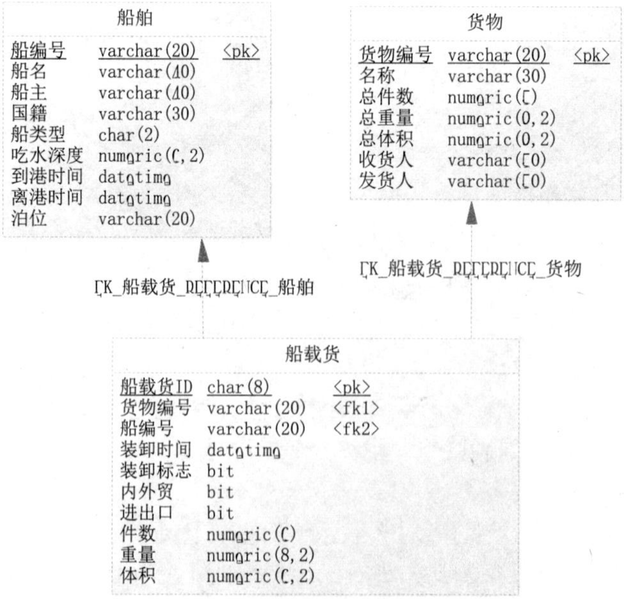

图 2-13 "船舶"与"货物"的 PDM

本例中，"船载货"也是一个弱实体，它也起到了第三者插足的作用。

现实生活中到处存在多对多的联系，如学生与课程、司机与车辆、飞机与机场等。

【例 2-15】 用户与角色。

一般，系统在做权限控制方面的程序时，都会涉及"用户"表和"角色"表。一个用户可以从属于多个角色，一个角色也可以包含多个用户，两者也是典型的"多对多联系"，如图 2-14 所示。其中，"功能授权"是关联表，在绝大多数情况下表示用户与角色之间的联系，本身不具备独立的业务处理需求，是一个典型的弱实体，只起到第三者插足的作用，所以只有"授权时间"和"撤权时间"两个特殊属性。

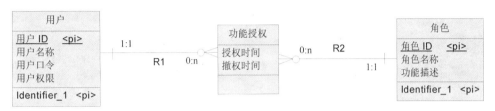

图 2-14 "用户"与"角色"之间的多对多联系

【例 2-16】 运动会系统。

一个运动会系统的 E-R 简图如图 2-15 所示。尽管实际上的 E-R 图比这个简图复杂得多，属性也要增加许多，但本质上就是这样一个框架。

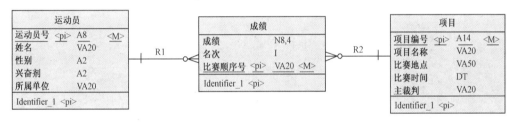

图 2-15 运动会系统的 E-R 简图

运动会系统的 E-R 图的主要实体是"运动员"和"项目"，它们之间是多对多联系，即：一位运动员可以参加多个项目，一个项目可以有多位运动员参加。当加上"成绩"这个弱实体插足后，"运动员"和"项目"之间的一个多对多联系就变成了两个一对多联系了，即："运动员"与"成绩"之间的一对多联系和"项目"与"成绩"之间的一对多联系。

图 2-15 与图 2-14 之间的差异是，在图 2-15 中每个属性有类型、长度、精度说明，而在图 2-14 中每个属性没有类型、长度、精度说明，这是因为图 2-14 是用 Power Designer 12.5 设计的，而图 2-15 是 Power Designer 10 设计的。事实上，这两个版本之间没有本质区别，请读者多加注意。

【例 2-17】 教务系统。

教务系统是一个难度系数较大的系统：一是它的业务范围广，包括学籍管理、教师管理、注册收费管理、选课管理、排课自动化管理、考试管理、毕业管理、教材管理、课程管理和系统管理；二是它的排课约束条件多，不同类型的老师可以提出不同类型的排课条件（如有的老师上午十点前不能授课、晚上不能授课、必须到实验室授课、必须在一楼授课、必须在大教室授课、必须在小教室授课等）。因而其算法非常复杂，排课系统完全自动化处理的目标很难实现。为此，我们将教务系统中的核心部分——选课和排课系统的 E-R 图画成两部分。其中，选课系统的 E-R 图如图 2-16 所示，排课系统的 E-R 图如图 2-17 所示。

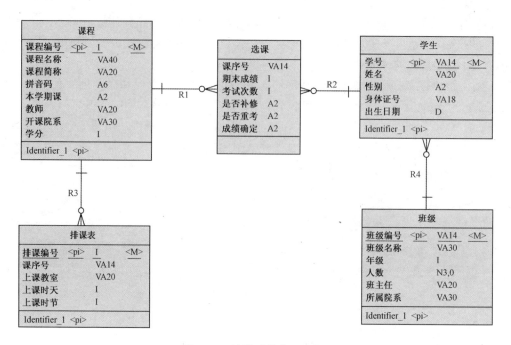

图 2-16 选课系统的 E-R 图

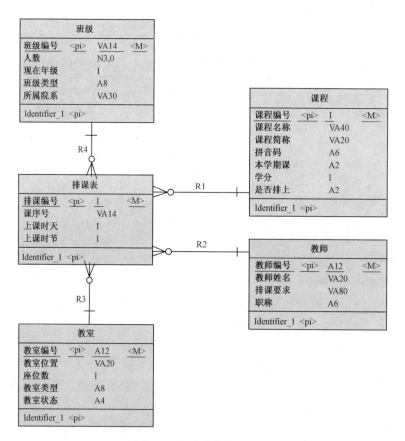

图 2-17 排课系统的 E-R 图

图 2-16 是选课系统的概念数据模型 CDM，由于"课程"与"学生"两个实体之间原来是多对多联系，如今在它们之间插入了第三个实体，即弱实体"选课"，从而将原来的多对多联系转化为一对多联系。

图 2-17 是排课系统的概念数据模型 CDM，存在如下 6 个多对多联系："班级"与"课程"，"班级"与"教师"，"班级"与"教室"，"课程"与"教师"，"课程"与"教室"，"教师"与"教室"。如今在它们之间插入了第三个实体，即弱实体"排课表"，从而将原来的 6 个多对多联系都转化为一对多联系。

4．弱实体插足模式的应用场景

弱实体插足有时可以同时化解多个实体之间的多对多联系。那么，什么时候使用"弱实体插足模式"设计数据库呢？回答是：两个实体之间互相为多对多联系且它们中间没有强实体"明细表"插足时，就要坚决使用弱实体插足模式。

第三者插足的弱实体的属性一般应该包括两部分内容：一是插足前两个实体的共同属性，二是插足后原来的两个实体的主键（PK）应该成为这个弱实体的外键（FK）。

数据库设计的 CASE 工具 Power Designer 能自动识别并自动增加外键，所以在概念数据模型 CDM 中，设计者不必在弱实体中增加外键，在由 CDM 生成 PDM 时自行完成。

5．弱实体插足模式的实质

数据库设计中"第三者插足"模式的实质是解决实体之间联系的原子化问题。在关系型数据库中，关系数据库管理系统只能处理好表之间的一对多的联系。我们定义一对多联系为"原子联系"，多对多联系为"非原子联系"，"第三者插足模式"的作用是将非原子联系转化为原子联系。

2.8.3　强实体插足模式

1．强实体插足模式的定义

所谓强实体插足模式，就是在多对多联系的两个实体之间插入第三个强实体，使原来的一个多对多联系变为现在的两个一对多联系。强实体插足模式是另一种"第三者插足模式"，又称为显式插足模式，它是一种最常见、最具体、最容易被发现的数据库设计模式。

强实体插足模式通常表现为"明细实体插足模式"，是一种非常重要、初学者不易理解的数据库设计模式。

强实体插足模式的特点是：由于两个实体（可推广到多个实体）之间多对多联系的关联实体存在独立的业务处理需求，这种独立的业务处理需求通常表现在"明细实体"业务需求上，所以有的"明细实体"就是两个实体（可推广到多个实体）多对多联系之间的关联实体。

2．强实体插足模式的案例分析

【例 2-18】　网上书店。

网上书店通常有"书目信息"和"批发单"。一条"书目信息"面对不同的购买客户，可以存在多张"批发单"，一张"批发单"也可以批发多条"书目信息"，这就是多对多联系。为了解决好多对多联系，在它们之间必须插入第三个实体，该实体就是"批发单明细"。

在本例中，中间的"批发单明细"就是两者的关联实体，具有独立的业务处理需求，是一个业务实体，即强实体。由于该强实体对应原始单据，因此它具有一些特有的属性，如针对每条明细记录而言的"批发数量""批发单价""退货次数""退货数量""结算次数""结算数量"，如图 2-18 所示。

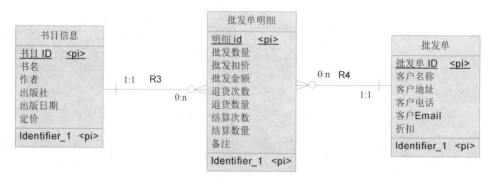

图 2-18　网上书店的强实体插足 E-R 图

类似的例子还有很多，如发货单明细、采购单明细、入库单明细、记账凭证中的分录明细等，这些明细表都是强实体对应的表，它们常常扮演"第三者插足"的角色。

但是，并不是所有的"明细实体"都是强实体的"第三者插足模式"，也不是所有的"强实体插足模式"都是"明细实体"插足引起的，所以凡事都要问为什么，要具体问题具体分析，不要盲从。

【例 2-19】　酒店管理信息系统。

酒店管理信息系统的 E-R 图如图 2-19 所示。

酒店管理信息系统是一个比较简单的系统，它的 E-R 图中只有两个主要实体，即"客房"和"客户"。一套客房不同的时候可以为不同的客户提供住宿，所以"客房"与"客户"的联系是一对多的联系。实体"客房"是酒店的基本信息，其属性"客房状态"比较复杂，一般状态有：空净房、空脏房、清理房、占用房、今日抵店、预期离店、预期抵店、未清房、指定房、毛病房、维修房，这些状态在概念数据模型 CDM 中进行定义，在物理数据模型 PDM 和数据库表中进行引用。为了直观地描述与更新这些状态，一般用房态图表示"客房状态"。

实体"客户"是酒店的重要信息，描述了客户的各种需求信息，其属性"客户状态"只有两种：预定状态和入住状态。

实体"账单明细"是描述客户除房租之外的其他消费信息，如餐饮、娱乐、休闲等信息。

例如，在图 2-19 中，尽管强实体"账单明细"是一个明细实体，但是它并没有起到"第三者插足"的作用。

3. 强实体插足模式在数据仓库设计中的应用

数据仓库设计中有一个维表与事实表的设计问题。多个维表互相之间的联系基本上是多对多的联系，而关系型数据库管理系统不能直接处理多对多的联系，怎么办呢？数据仓库设计者很聪明，就在多个维表之间增加一个事实表（相当于明细表），以实现"第三者插足"的目的。也许当时的数据仓库设计者还没有第三者插足的概念，所以美其名曰：事实表。

【例 2-20】　数据仓库星形模式。

图 2-20 是维表与事实表组成的数据仓库星形模式物理数据模型 PDM，从数据库设计模式角度看，它就是一个强实体插足的特例。

可以这么认为，在数据仓库中，凡是由维表与事实表构成的星型模式都是强实体插足模式。这个强实体就是事实表。

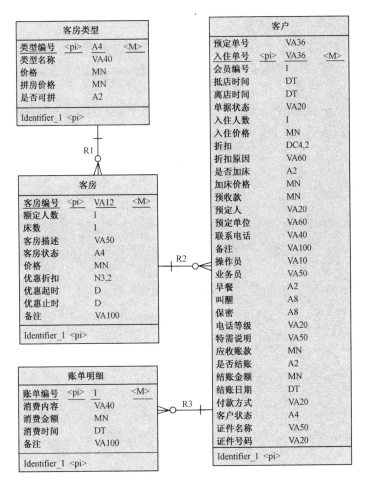

客房类型

类型编号	<pi>	A4	<M>
类型名称		VA40	
价格		MN	
拼房价格		MN	
是否可拼		A2	

Identifier_1 <pi>

客户

预定单号		VA36	
入住单号	<pi>	VA36	<M>
会员编号		I	
抵店时间		DT	
离店时间		DT	
单据状态		VA20	
入住人数		I	
入住价格		MN	
折扣		DC4,2	
折扣原因		VA60	
是否加床		A2	
加床价格		MN	
预收款		MN	
预定人		VA20	
预定单位		VA60	
联系电话		VA40	
备注		VA100	
操作员		VA10	
业务员		VA50	
早餐		A2	
叫醒		A8	
保密		A8	
电话等级		VA20	
特需说明		VA50	
应收账款		MN	
是否结账		A2	
结账金额		MN	
结账日期		DT	
付款方式		VA20	
客户状态		A4	
证件名称		VA50	
证件号码		VA20	

Identifier_1 <pi>

R1

客房

客房编号	<pi>	VA12	<M>
额定人数		I	
床数		I	
客房描述		VA50	
客房状态		A4	
价格		MN	
优惠折扣		N3,2	
优惠起时		D	
优惠止时		D	
备注		VA100	

Identifier_1 <pi>

R2

账单明细

账单编号	<pi>	I	<M>
消费内容		VA40	
消费金额		MN	
消费时间		DT	
备注		VA100	

Identifier_1 <pi>

R3

图 2-19 酒店管理信息系统的 E-R 图

地区维表

北京	char(8)	
上海	char(8)	
重庆	char(8)	
地区标识	int	<pk>
乌鲁木齐	char(8)	

产品维表

产品维标识	int	<pk>
运动装	char(8)	
自行车	char(10)	
轮胎	char(10)	
水壶	char(8)	

FK_销售事实表_D7_地区维表

FK_销售事实表_REFERENCE_产品维表

销售事实表

事实表标识	numeric(10)	<pk>
时间维标识	int	<fk1>
产品维标识	int	<fk2>
地区标识	int	<fk3>
销售数量	numeric(0)	
销售金额	numeric(10,2)	

FK_销售事实表_DC_时间维表

时间维表

时间维标识	int	<pk>
1季度	numeric(1)	
2季度	numeric(1)	
3季度	numeric(1)	
4季度	numeric(1)	

图 2-20 数据仓库的星形模式物理数据模型 PDM

4．强实体插足模式的应用场景

那么，什么时候用强实体插足模式？回答是：凡是在数据库设计中出现"明细实体"或"明细表"时，都应该考虑是否存在多对多联系，若存在，则使用强实体（如"明细实体"）插足模式，以解决多对多联系。

我们的结论是：不管是弱实体插足还是强实体插足，其目的是将原来多对多联系的实体转换为一对多联系的实体。亦即：插足是手段，转化是目的，这个目的就是实现"四个原子化"理论中的联系原子化。

2.8.4 列变行模式

1．列变行模式的起因

下面通过几个例子来说明列变行模式的起因。

【例2-21】 工资单问题。

企业员工工资单中包含复杂多变的各种补助、各种奖励、各种扣款，甚至各种加班、请假等问题。为了达到"以不变应万变"的目的，即在数据库设计中列变行模式要解决的问题，项目人员在1997年圆满地解决了，但是在当时还没有抽象到列变行模式的高度。

【例2-22】 固定电话计费系统。

1999年，作者参与固定电话计费系统的数据库设计，当时团队对客户的特殊功能需求（国内长途、港澳长途、国际长途、定时闹钟等）设计方法产生重大分歧。绝大多数人主张在客户基本表中留下30个字段，应对15项特殊功能，只有作者反对这种设计方法，主张新建特殊功能表（如表2-6所示）和功能代码表（如表2-7所示）。

表2-6　特殊功能表

客户编号	特殊功能代码	特殊功能起用日期
…	…	…
…	…	…

表2-7　功能代码表

特殊功能代码	特殊功能名称
…	…
…	…

反对特殊功能表的人认为：当时客户的特殊功能需求一般是5项，个别客户是8项，预留30个字段（对应15项特殊功能）已足够了，至少保证5年没有问题。

支持特殊功能表的人认为：第一，特殊功能表灵活机动、实事求是、永久都能满足客户需求，而且表结构稳定不变；第二，预留15项特殊功能空间，不仅造成浪费，还可能满足不了需求，万一在明年某一天，有位客户提出16项特殊功能，怎么办？改表结构？改程序？

双方争持不下，最后只得少数服从多数，不设特殊功能表！

以上争论的实质是要不要建立稳定的数据模型问题，以及怎么样建立稳定的数据模型问题。为了解决这个问题，作者在1999年特别提出了列变行设计模式。

2．列变行模式的定义

所谓列变行模式，就是将一个表的某些列变为另一个表的某些行，从而使得这两个表成为一对多联系。

如果要建立稳定的数据模型，就要掌握"以不变应万变"的设计模式，这个模式就是列变行模式。列变行模式是一种隐式的主从模式，既是数据库设计新手不易理解的模式，也是数据库设计高手常用的模式。能否灵活运用列变行模式解决数据库设计中的"万变"问题，这是区分数据库设计高手与低手的标志之一。

下面是"列变行模式"的典型案例。

【例2-23】 学生成绩单的管理。

通过这个案例的具体操作，可以详细解剖列变行模式的实现过程。为此，我们要研究"列变行"前，该数据库设计有哪些缺点，"列变行"后，该数据库设计有哪些优点，以及为什么"列变行模式"能达到"以不变应万变"的目的。

（1）"列变行"前存在的缺点

假如"列变行"前，学生成绩单的数据库表结构如表2-8所示。

表2-8　学生成绩单

学　号	姓　名	电　话	课程1	成绩1	...	课程30	成绩30
2018083366	张晶	...	英语	88	...	数据库	85
2018083365	刘路	...	英语	98	...	数据库	90
...	...	...	...	...	...	...	...

先分析"列变行"前的表结构设计中的缺点。由于每位本科大学生，在四年中要学习30门左右的课程，所以设计了存放30门课程的名称及期末成绩的表。这种设计方法存在两个缺点：一是，在四年级之前，他们没有学完30门课程，因此这种设计浪费了不少存储空间；二是，到四年级时，个别学生可能修了两个学位，超过了30门课程，这种设计使得表结构不够用，需要改变表的结构设计，增加存储空间。这两个缺点合在一起，就是设计工作犯了不"实事求是"的错误：要么浪费空间，要么空间不够用。

由此可见，不"实事求是"设计就不能建立稳定的数据模型，就不能实现"以不变应万变"的目的。

（2）"列变行"后产生的优点

现在对上述"学生成绩单"表实施"列变行"手术，得到新的数据库表结构，如表2-9和表2-10所示。新的数据库表结构是两个表：主表、从表，通过表2-9的主键"学号"与表2-10的外键"学号"进行表间连接。

表2-9　学生花名册

学　号	姓　名	电　话
2018083366	张晶	...
2018083365	刘路	...
...	...	...

表2-10　学生成绩单

学　号	课　程	成　绩
2018083366	英语	90
2018083366	数据库	88
2018083366	C++语言	93
2018083366	数据结构	92
...	...	...

现在来分析"列变行"后数据库表结构设计中的优点，这个优点就是"实事求是"，它表现在两个方面：

① 在四年级之前，他们没有学完30门课程，这种设计也不会浪费存储空间。

② 到四年级时，即使个别学生修了两个学位，超过了30门课程，这种设计也不需要改动表结构，达到了"以不变应万变"的目的。

到此为止，该案例分析完毕。

由此可见，"列变行"就是将一个表变为两个表：其中一个为主表，另一个为从表（或子表），通过主键与外键，两个表进行连接，共同完成相关操作。

若用 E-R 图来表示列变行模式，则得到图 2-21。不难看出，列变行模式就是一种隐式的主从模式。

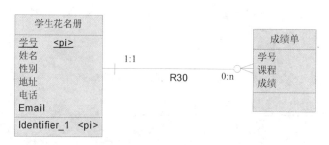

图 2-21 学生成绩单管理的 E-R 图

现实生活中到处存在需要"列变行"的例子，因为到处有主表与从表的联系，如部门与员工、月基本工资与各种各样的月扣款（月补贴）、台账中的台账头和台账体等。

3．列变行模式的应用场景

在数据库设计中，什么时候使用列变行模式？

"列变行模式"的应用场景是：当一个表的列数较多、多变且多到不可能控制在一个固定数量的范围内时，也就是说，当一个表太宽、太胖且继续胖时，才能考虑运用"列变行模式"，将原来一个表分解为两个表，其中一个为主表，另一个为从表。

4．列变行模式的实质

数据库设计中"列变行模式"的实质是解决"四个原子化"理论中的实体本身原子化问题，或者说，是解决数据库设计符合 BCF、4NF、5NF、6NF 的问题。

数据库设计中"列变行模式"的作用是实现数据库设计中"以不变应万变"的目的。如从图 2-21 可知，按照该 E-R 图设计出数据库的两个表，即"学生花名册"表和"成绩单"表，不管哪位学生学习了多少门课程，取得了多少门成绩，该数据结构都能够完全适应，不必做任何改动，这就达到了数据库设计中"以不变应万变"的目的。

5．"列变行"方法的用途

现在的问题是：如何由"列变行"后的两个表合并为一张输出报表呢？请看下面的建视图程序：

```
CREATE VIEW  学生成绩表
AS
    SELECT  学生表.学号，姓名，课程名称，成绩
    FROM  学生表，成绩表
    WHERE  学生表.学号 = 成绩表.学号
```

这个视图达到了输出学生成绩单的目的。

由此可见，"列变行"是为了对输入数据进行组织，并且使这种组织能以不变应万变。

反过来，"行变列"后建立视图，是为了对输出数据进行组织，以满足用户对查询或报表的格式需求。

2.8.5 西瓜模式

1. 西瓜模式（星系模式）的定义

所谓"西瓜模式"，就是将属性比作芝麻，将主要实体比作大西瓜，将次要实体比作小西瓜，那么在数据库分析时，芝麻必须围绕西瓜转，小西瓜必须围绕大西瓜转。用 CASE 工具设计数据库的 E-R 图时，必须先画大西瓜，后画小西瓜，用西瓜统帅芝麻，用大西瓜统帅小西瓜。

西瓜模式又称为星系模式（Galaxy Pattern）或恒星模式（Star Pattern），其主要作用是在该星系范围内实现数据集成。这里，卫星相当于实体的属性，行星相当于次要实体，恒星相当于主要实体。

2. 西瓜模式的案例分析

【例 2-25】 薪资系统"西瓜模式"。

一个薪资系统的概念数据模型 CDM 如图 2-22 所示，其中有十多个实体，即十多个西瓜，但是真正的主要实体只有一个大西瓜"员工"和一个中西瓜"月工资"，其他实体都是围绕大西瓜和中西瓜转的小西瓜。

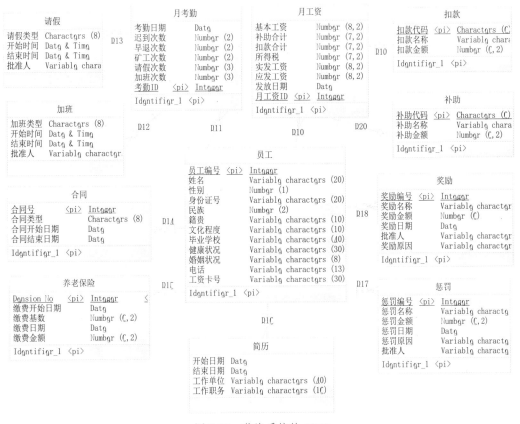

图 2-22 薪资系统的 CDM

在本例中，数据库设计中的列变行模式实现了"以不变应万变"的目的。从图 2-22 可知，"补助"表和"扣款"表由原来的"月工资"表"列变行"后产生的，因此只要按照该 E-R 图设计数据库的三个表："月工资"表、"补助"表和"扣款"表，那么不管企业员工每月有多少项"补助"或者有多少项"扣款"，该数据结构都能完全适应，不必做任何改动，这就达到了数据库设计中"以不变应万变"的目的，解决了员工月工资经常变动、不好管理的难题。

同理，"加班"表和"请假"表由原来的"月考勤"表"列变行"后产生的，因此只要按照该 E-R 图设计出数据库的三个表："月考勤"表、"加班"表和"请假"表，那么不管企业员工每月有多少加班或者多少请假，该数据结构都能完全适应，不必做任何改动，这就解决了企业员工月加班、月请假变动较多、不好管理的难题。

下面论述西瓜模式的理论基础和具体内容。

3．西瓜模式的理论基础

在西瓜模式正式提出前，关于数据库分析与设计的方法之争表现在"实体主导型"方法和"属性主导型"方法之争上。数据库实践工作者（企业派）提倡"实体主导型"方法，数据库理论工作者（学院派）强调"属性主导型"方法。

数据库分析与设计中的"实体主导型"方法提出了"以实体统帅属性"的思想，要求在数据库分析与设计时先抓住实体，从实体出发去寻找、发现、确定属性，而不要采取本末倒置的"属性主导型"方法，即从属性出发，通过对属性的分解、归约与重组，来寻找、发现、确定实体。

西瓜模式排除了"属性主导型"方法，认为"属性主导型"方法抓住了芝麻而忽视了西瓜，用这样的方法去分析和设计数据库，尤其是大型数据库和复杂数据库，容易对用户产生误导，贻误设计工作，因而数据库设计者不宜采取这种方法。

遗憾的是，在数据库原理的不少教材中大力提倡"属性主导型"方法。其根本原因在于"关系数据库之父" Edgar F. Codd 发明了"属性主导型"这种方法，提出了数据库设计的范式理论，许多后人当时并不知道数据库规范化设计不是一个数学问题，而是一个软件工程问题，即"四个原子化"问题，所以紧跟这种方法和理论，并且将原来的 1NF、2NF、3NF、BCF 发展到 4NF、5NF、DKNF、6NF，企图将属性不断重组，在重组中不断发现新的实体。这种逻辑思维推理方法很可能将人们引入"书读得越多越蠢"的错误道路上。因为在实现生活中，人们不可能用西瓜子的重组方法去制造或发现新的西瓜。

不可否认，这种"属性主导型"即"属性重组型"方法在数据库设计的历史长河中曾经起了巨大作用，今后仍将继续发挥余热，但是"六个范式"理论终究将被中国人的"四个原子化"理论和西瓜模式理论所代替。这就是"长江后浪推前浪，世上新人换旧人"。因为数据库规范化设计不是一个数学问题，而是一个软件工程问题。"四个原子化"理论的贡献是将数据库规范化设计工作，由数学家的数学问题回归到软件工程师的工程问题。

4．西瓜模式的具体内容

西瓜模式除了继承"实体主导型"方法的特点，进一步提出：

❖ 在数据库分析和设计时，一方面以实体去统帅属性，另一方面以主要实体去统帅次要实体。

❖ 不但使属性围绕实体转，而且使次要实体围绕主要实体转。

❖ 在任何信息系统的全局 E-R 图中，其主要实体的数目都是有限的。数据库分析与设计的任务是善于发现、捕获主要实体，并用主要实体去组织、规划、设计全局 E-R 图。

❖ 在一般情况下，一个主题数据库对应且只对应 1 个主要实体。

❖ 在特殊情况下，一个主题数据库可对应 2~3 个主要实体。

❖ 在极端情况下，一个主题数据库才对应 4 个以上主要实体。

在利用 CASE 工具画 E-R 图时，西瓜模式进一步提出了具体的画图步骤：

<1> 画主要实体，抓大西瓜，用大西瓜来统帅中西瓜小西瓜。

<2> 画次要实体，抓中西瓜，使中西瓜围绕大西瓜转。

<3> 画代码实体，抓小西瓜，使小西瓜围绕中西瓜转。

<4> 分配或补充实体的属性，捡芝麻。

<5> 在画 E-R 图的联系时，要注意调整 E-R 图的部署，使得所有的联系连线互不相交，整个 E-R 图美观大方。

<6> 检查数据库设计是否实现了四个原子化：属性原子化、实体原子化、主键原子化、联系原子化。

信息系统的 E-R 图是数据库设计师的智慧与艺术的结晶，是高超的艺术品，而艺术品是没有标准答案的，因为它的设计不是唯一的，只要它覆盖了系统需求就是可行的。

5. 找到大西瓜的方法

西瓜模式实质是要求设计人员分清主次，抓住主要矛盾，分清问题的主要方面与次要方面，以主要带动次要，从而设计出满足用户需求的数据库。那么，怎样才能发现主要矛盾与次要矛盾，分清问题的主要方面与次要方面，即寻找到大西瓜呢？在这种寻找中，知识和经验是最重要的，但是有一些方法可以遵循。

（1）顾名思义法

这是针对一些开发难度较小、设计人员自身对该系统涉及的业务有相当熟悉和了解来说的。例如，大部分设计人员对图书馆信息管理系统很熟悉，凭借直觉和经验，就可以知道系统的大西瓜是图书实体和读者实体，图书馆的所有业务都是围绕这两个实体而展开的。

有相关系统的开发经验的设计人员也很容易发现其他系统的大西瓜，如财务系统的主要实体是记账凭证，人事系统的主要实体是员工的基本情况，薪资系统的主要实体是月工资，港口的船舶调度系统的主要实体是在港船实体，奥林匹克运动会系统的主要实体是项目实体和运动员实体，集装箱系统的主要实体是集装箱实体，等等。

（2）面向流程法

我们在做需求分析的时候，同时应该考虑实现的问题。在对业务流程有一个比较细致的了解后，就要从中找出名词（包括名词短语），并进行分析归类，你会发现有一些名词其实就是一个实体，而另一些名词就是另一个实体。这样形成了初步的实体列表后，再与业务流程进行比较分析，哪些实体在业务流程中出现的频次多、联系面广，哪些实体就是大西瓜。

（3）面向对象法

在需求分析中，CRC（Class, Responsibilities, Collaboration）卡片是一组标准的索引卡片。每一张卡片被分为三部分，分别是类的名称、类的职责、该类的合作者。类是一类相似对象的抽象，职责是该类所知道的事或要去做的事，合作者是另一个与该类有交互的类。在需求建模过程中，CRC 用来揭示某一领域内类之间的关系。类与关系数据库的实体（或表）虽然不完全是一对一的映射关系，但是持久类就是实体。通过持久类可以推导出数据库中主要的实体，即大西瓜。

【例2-26】 财务系统的"西瓜模式"。

财务系统的核心是账务管理系统，又称为会计核算系统，其概念数据模型 CDM 如图2-23所示。该 E-R 图由三个实体组成，分别是"记账凭证""记账分录"和"科目"。"记账凭证"中的一条记录对应"记账分录"中的多条记录；"科目"中的一条记录也对应"记账分录"中

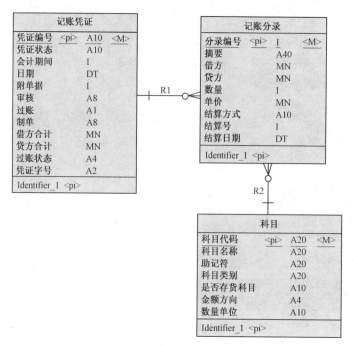

图 2-23　财务系统的 E-R 图

的多条记录。不管是狭义财务系统（账务管理系统）还是广义财务系统，其主要实体都只有一个，即大西瓜，就是"记账凭证"。

例如，我们到财务部门报销一次费用，首先填写一张纸介质的原始报销单据，该单据称为原始凭证，然后将报销的各种不同发票贴在原始凭证的反面。财务人员接到这张原始凭证之后，将它录入到财务系统。录入的步骤如下：

<1> 将原始凭证的基本数据录入到数据库的"记账凭证"表中，作为该表的一条记录。

<2> 将根据原始凭证反面多张发票，制作多条分录信息（包括摘要），录入数据库的"记账分录"表中，作为该表的多条记录。

<3> 在录入分录信息时，同时调用"科目"表中的记录，以便查询并选择相应分录对应的科目名称（包括科目代码、科目类别等）。

在实际的财务系统中，上述前两步操作都在同一个屏幕界面中进行。这三个表中的记录信息就是财务系统中账务处理的基本信息，在此基础上能产生账务系统的明细账、总账和资产负债表。以上三张表（三个实体）就是财务系统的基本表，表中的记录数据就是财务系统的原始数据。它们是整个财务系统的基础与核心。

财务系统很复杂，但是它的 E-R 图很小、很简单，原因有二。

① 财务系统分为基本财务系统（账务管理）和广义财务系统。基本财务系统的主要功能是账务管理，它是广义财务系统的基础与核心。广义财务系统又叫扩展财务系统，它包括账务管理子系统、供应链管理子系统、电子报表子系统、预算控制分析子系统和远程传输子系统等。上述财务系统的 E-R 图，是指基本财务系统的 E-R 图，不是广义财务系统的 E-R 图。但是，只要我们将基本财务系统分析透了，牢牢地掌握好了，广义财务系统的扩展功能，也会轻松地加以实现。原因是：广义财务系统的扩展功能与基本财务系统的接口，都可以归结于"记账凭证"。一切与财务系统相连接的其他系统，都具有相同的记账凭证接口格式。正是由于接口上的相同，对于系统不同的扩展功能，仅仅只需在格式中包含不同的内容。这符合

程序设计模式中的"开-闭"原则（Open-Closed Principle，OCP），即在一个系统中，对于扩展是开放的，对于修改是关闭的。一个好的系统就是在不修改源代码的情况下，可以扩展其功能。

② 根据"西瓜模式"，财务系统的大西瓜只有"记账凭证"一个，中西瓜只有"记账分录"和"科目"两个，其他都是小西瓜。所以画 E-R 图时，只要抓住了这三个西瓜，一切问题迎刃而解。

账务管理系统是整个企业财务管理信息化系统的核心系统之一，按照财政部规定的会计准则组织会计核算，包括：账务管理，操作人员的权限管理，账务系统基础编码管理，财务预算管理，会计日常业务管，多币种管理，账册查询、预算分析、期末结账等，自动进行通用转账、损益结转和收支结转管理。

一般而言，广义财务系统包含账务管理和供应链管理两大系统，功能覆盖预算计划、销售、采购、库存、财务、人事、设备、经营分析、财务分析和决策支持等管理领域，其核心是供应链管理和财务管理，其目标是加强企业的计划预算，对企业的经营和管理行为加以监督和控制，帮助企业达到资源成本最小化、利润最大化的目的。在技术和应用两个层面上，两大系统高度集成化和智能化，并强有力地支持数据挖掘技术，其强大的信息重组功能能将离散的、单一的信息通过有机的任意组合，从中提炼出隐藏在众多数据背后的规律，给决策者提供决策依据，同时通过业务重组功能优化系统资源，使业务流程更加清晰。

6. 西瓜模式的应用场合

在数据库设计中，什么时候使用西瓜模式呢？回答是：如果实体的数目在十个以上，就必须使用西瓜模式，如果是上百个实体，就更应该使用。目的是为了找出大西瓜，实现以大西瓜统帅中西瓜与小西瓜，以西瓜统帅芝麻，使得中小西瓜围绕大西瓜转，芝麻围绕西瓜转。

西瓜模式描述的概念数据模型 CDM 中的实体及其联系就像宇宙天体中的星系，卫星围绕行星转，行星围绕恒星转，所以又称为星系模式（Galaxy Pattern）或恒星模式（Star Pattern）。

7. 西瓜模式在数据仓库设计中的应用

数据仓库中的维表与事实表设计问题。在通常情况下，一个事实表就是一个大西瓜（主要实体），一个维表就是一个小西瓜（次要实体），一个属性就是一个芝麻。芝麻围绕西瓜转，小西瓜围绕大西瓜转。也就是说，数据仓库中的星型模型就是数据库设计中的西瓜模式。

2.9 设计模式综合练习

到目前为止，我们已经学会了五个最基本的数据库设计模式：主从模式、弱实体插足模式、强实体插足模式、列变行模式、西瓜模式。下面来做一个综合练习，目的是巩固所学到的数据库设计模式。

【例 2-27】 混凝土公司的信息系统。

改革开放以来，混凝土公司相继成立，那么混凝土公司与建筑公司之间存在什么样的业务联系呢？或者说，混凝土公司怎样为顾客（建筑公司）配送服务呢？混凝土公司的业务要怎样管理呢？这就是混凝土信息系统的需求分析。在需求分析中，数据库的需求分析又是重中之重。其实不单单在这个系统中如此，所有的信息系统分析的重点都是数据库的需求分析。

通过需求分析我们知道，一个建筑公司有多个建筑施工工地，一个建筑施工工地有多幢楼盘。为了给一幢楼盘配送混凝土可能多次发货，每次发货可能有多台车辆和多个汽车司机，每辆车辆和每位司机又可能多次出车。每个混凝土公司的业务运作都是这个操作模式，日复一日、年复一年地进行。为此，混凝土信息系统的数据库分析设计师必须调查、收集、记录、整理、分析、归纳建筑公司信息、工地信息、楼盘信息、混凝土发货单信息、车辆信息、司机信息，并找出它们之间的内部联系，为设计数据库做好充分准备。

混凝土公司信息系统的概念数据模型 CDM 设计如图 2-24 所示。该系统的原始单据表面上只有合同、发货单两张单据，以及混凝土公司的车辆和司机情况。但是其中包括"工地"和"发货单明细"两个实体呢，现解释如下。

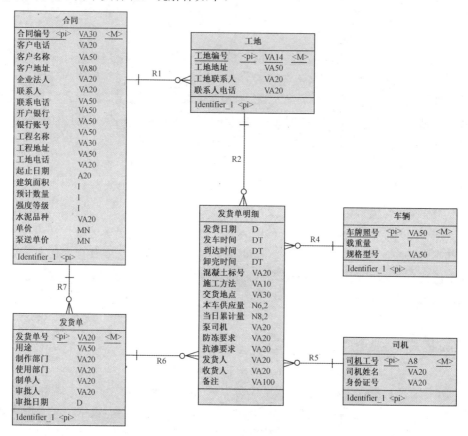

图 2-24　混凝土系统的概念数据模型 CDM

"工地"的内容原来包含在合同中，因为每份合同中的工地虽然是有限的，但是数目是不固定的，所以在此要利用"列变行"的设计模式，将工地的"列"从"合同"实体中抽出来，变为"工地"实体的"行"。于是，原来一个"合同"实体现在变为了两个实体："合同"实体、"工地"实体了。

同理，"发货单明细"实体也是由"发货单"实体变出来的，因为发货单与发货单明细的内容原来都在发货单一张原始单据上，所以要利用"列变行"的设计模式，将发货单明细的"列"从"发货单"实体中抽出来，变为"发货单明细"实体的"行"。于是，原来一个"发货单"实体现在就变为两个实体："发货单"实体、"发货单明细"实体。

由此可见，一张原始单据对应两个实体的情况一般是"列变行"设计模式具体应用的结果。这种应用在数据库设计中无处不在。实际上，一张原始单据对应两个实体的情况与"列变行"设计模式就是一对双胞胎！

工地与发货单、工地与车辆、工地与司机、发货单与车辆、发货单与司机、司机与车辆之间原来都是多对多联系。因为：

❖ 一个工地的混凝土可能需要多张发货单。同理，一张发货单也可能供应多个工地。

❖ 一个工地的混凝土可能需要多台车辆。同理，一台车辆也可能供应多个工地。

❖ 一个工地的混凝土可能需要多个司机。同理，一个机也可能供应多个工地。

❖ 一个发货单发货可能需要多台车辆。同理，一台车辆也可能为多个发货单发货。

❖ 一个发货单发货可能需要多个司机。同理，一个司机也可能为多个发货单发货。

❖ 一个司机可能开多台车辆。同理，一台车辆也可能被多个司机开。

为了解决上述 6 个多对多联系，需要多少个"第三者插足"？回答很简单：一个"第三者插足"足够了。这个"第三者"就是强实体"发货单明细"。

对于"第三者插足"模式的应用需要注意以下 3 点：

① 一个"第三者插足"实体有时可以同时解决多个实体之间的多对多联系。

② "第三者插足"实体中的属性个数往往比想象得要多，因为它包含几个多对多联系实体中的共同属性。那种认为"第三者插足"实体中的属性就是"一个主键 PK 再加上几个外键 FK"的观点是片面的、有害的。

③ "第三者插足"插出来的强实体与"列变行"变出来的强实体往往是同一个强实体。也就是说，这个强实体具有双重作用，即"双肩挑"。这就是"强实体插足模式"和"列变行模式"之间的联系。

按照"数据库需求分析、数据库概念设计、数据库物理设计"的软件工程步骤，我们对混凝土系统进行了数据库概念设计，得到了混凝土生产管理系统的概念数据模型 CDM。

这个 E-R 图很简单，其实反映的数据联系相当复杂，所以能用简单方法处理好复杂联系问题，正好说明了设计者水平的高超。因为这个 E-R 图蕴涵了 6 个多对多联系。这么多实体之间的多对多联系，设计者只用"发货单明细"一个简单的强实体，就轻松地解决了这个难题，其方法之巧妙，真是"四两拨千斤"。这样的设计案例可以说是通过中间关联表来处理多对多联系的典范。

数据库概念设计产生了概念数据模型 CDM，利用 Power Designer 工具，选定具体的关系数据库管理系统，容易地得到物理数据模型 PDM，最后完成具体的建表、建索引、建视图、建存储过程、建触发器等项工作，这就是数据库物理设计。

到此，综合练习完毕。

2.10 数据库设计模式总结

1. 数据库设计模式与"四个原子化"理论之间的对应关系

数据库设计模式与"四个原子化"理论之间的对应关系，如表 2-11 所示。

奇怪，为什么每个数据库设计模式都对应四个原子化呢？这是因为：四个原子化是一个统一的、不可分割的整体，任何某一个数据库设计模式，只不过是"四个原子化"理论在某一个应用方向的投影而已。

表 2-11　数据库设计模式与"四个原子化"理论之间的关系

数据库设计模式	"四个原子化"理论
主从模式	属性原子化、实体原子化、主键原子化、联系原子化
弱实体插足模式	属性原子化、实体原子化、主键原子化、联系原子化
强实体插足模式	属性原子化、实体原子化、主键原子化、联系原子化
列变行模式	属性原子化、实体原子化、主键原子化、联系原子化
西瓜模式	属性原子化、实体原子化、主键原子化、联系原子化

2."四个原子化"理论与范式理论的关系

"四个原子化"理论与"六个范式"理论的关系，既是一种并行关系，又是一种竞争关系。说它是并行关系，是因为两者的目标是一致的，都是为了数据库规范化。说它是竞争关系，是因为两者的所采用的数据库规范化理论与方法不同，前者是软件工程理论与方法，后者是数学理论与方法。至于谁优谁劣，后人自有评说。

关系数据库的理论、方法、语言、程序，我们已经基本介绍完毕。应该说，关系数据库其所以能长盛不衰，是它既简单方便，又理论完整。要说有什么不足，或者说有什么软肋，那就是范式理论了。因为范式理论提供的一套规范化理论、方法与步骤，是一条无止境的"摸着石头过河"或"摸着扶手上楼梯"的纯数学理论的不规范道路，它既没有彻底地解决数据库规范化问题，又没有切实地提供数据库规范化的具体方法，而且要求人们花很多精力去研究它的高深理论。

范式理论看起来似乎完整严密，但是它并没有反映出数据库规范化的内在规律，而"四个原子化"理论不仅完全揭示了数据库规范化的内在规律，还有五个数据库设计模式方法论的强力支持，从而在数据库发展史上第一次指明了数据库规范化的具体途径。

3."四个原子化"理论与新兴数据库的关系

需求推动发展，数据库的新技术、新方法、新发展不断涌现，如数据仓库、分布式数据库、对象关系型数据库、XML 数据库、Web 数据库、云数据库、分布式文档存储数据库等，对这些新兴数据库技术不要害怕，因为它们都是关系数据库在不同环境下的具体应用，或者说是关系数据库技术与其他计算机技术相结合而产生的新研究领域。例如：

❖ 关系数据库技术与信息决策技术相结合，就产生了数据仓库。

❖ 关系数据库技术与分布式技术相结合，就产生了分布式数据库。

❖ 关系数据库技术与面向对象技术相结合，就产生了面向对象数据库。

❖ 关系数据库技术与 XML 计算技术相结合，就产生了 XML 数据库。

❖ 关系数据库技术与 Web 计算技术相结合，就产生了 Web 数据库。

❖ 关系数据库技术与云计算技术相结合，就产生了云数据库。

❖ 关系数据库技术与分布式文档技术相结合，就产生了分布式文档存储数据库。

❖ 也许在将来某一天，关系数据库技术与某某计算技术相结合，还会产生某数据库。

由此可见，关系数据库位于其他一切数据库的底层，是其他一切数据库的根基，没有这个底层与根基，其他新兴的数据库就不复存在。有这个底层与根基，其他新兴的数据库才能生根、开花、结果。在"四个原子化"理论的指导下学好了关系数据库，再来学习这些新兴数据库，会是一件比较容易的事情；只要关系数据库不死亡，"四个原子化"理论就不会死亡。

因为关系数据库的本质或精华就是一张二维表加上"四个原子化"理论。

4．"四个原子化"理论的作用

通过学习，"四个原子化"理论帮助我们得出如下结论：

① "四个原子化"理论是五个数据库设计模式的理论基础。

② 元组是属性的集合，关系是元组的集合，数据库是关系的集合。属性、元组、关系、数据库四者之间实现规范化的充分必要条件是满足"四个原子化"理论，而五个数据库设计模式则是数据库规范化的保证措施。

③ 关系数据库的精髓是一张二维表加上"四个原子化"理论。

④ 只要按照"四个原子化"理论进行数据库规范化设计，其设计工作才能完全摆脱"摸着石头过河"或"摸着扶手上楼梯"的范式理论，简单、方便、轻松、愉快、一步到位、一气呵成地实现数据库规范化设计。

⑤ 如果将"四个原子化"理论和五个数据库设计模式方法论学深学透，那么你不但完全可以将它代替"六个范式"理论，而且必将成为一名数据库与数据仓库规范化设计的高手，甚至成为一名数据库设计大师。

为什么"四个原子化"理论有如此巨大的作用呢？其根本原因是"四个原子化"理论充分揭示了关系数据库规范化的内在规律。

5．数据库设计的其他技巧与艺术

除了"四个原子化"理论和五个设计模式，数据库设计还有许多技巧和艺术，如：表名与属性名的命名方法（包括前缀名和后缀名的命名方法），数据库完整性约束的实现方法，数据库表的水平分割与垂直分割方法，字段值域的定义方法，字段默认值的选取方法，反规范化设计中以空间换时间的方法，以及数据库性能的调整与优化方法。

6．数据库设计模式是一种哲学思想

世界上任何模式都只是一种哲学思想，一种解决问题的方法论，一些具体的实施框架，一些实践行动的指南，而不是一整套完全可以生搬硬套、机械模仿、照葫芦画瓢的模板。数据库设计模式更加如此。因为数据库设计是一项艺术性很强的工作，数据库设计的最终成果（概念数据模型 CDM、物理数据模型 PDM、数据库表等）是一项艺术品，而艺术品是没有唯一的、机械的标准答案的。

7．数据库设计模式是为了解决数据集成问题

如果说，美国"四人帮"的面向对象程序设计模式，除了使面向对象程序设计规范化，主要是为了解决代码复用问题，那么可以说，中国人的数据库设计模式，除了使数据库规范化设计，主要是解决数据集成问题。而数据集成与代码复用分别是软件设计与软件实现的两个根本问题。

对于 B/A/S 三层体系结构来说，面向对象程序设计模式主要用在浏览层 B 和应用层 A 的程序设计上，数据库设计模式主要用在数据库服务器层 S 的数据库设计上。

开发应用软件有三道关口：第一道关口是软件需求，第二道关口是软件设计，第三道关口是软件代码。应用软件设计的重点与难点是数据库设计。数据库设计的主要目的是实现数据集成。而数据库设计模式既解决了数据库设计这个重点与难点问题，又解决了数据集成问题。更巧妙的是，用数据库设计模式来解决这些问题显得简单、轻松、愉悦、无与伦比。

8. 数据库设计模式是一种数据库文化与艺术

关系数据库已经有了几十年的发展历史，在数据库开发与应用中，人们逐渐积累了许多宝贵经验与优良习惯，这些经验与习惯的沉淀就是数据库文化与艺术，"四个原子化"理论就是这种文化与艺术的理论基础，五个数据库设计模式就是这种文化与艺术的表现形式。

9. "实践—模式—实践"是模式的发展道路

数据库设计模式不仅是个理论问题，更重要的是个实践问题。任何模式都来源于实践，都要经过实践检验，反过来又要指导实践。"实践—模式—实践"通过实践发现模式，用模式指导实践，通过实践修正模式，这就是人类的模式认识论，就是人类的模式实践论。

不管是在自然科学中还是在社会科学中，人类的模式认识论都永无止境，人类的模式实践论将永不停息。

思考题 2

2.1 什么是模式？您在日常生活中或人生经历中，碰到了哪些模式？

2.2 您有发现模式的想法吗？若有，您应该做什么准备或采取什么方法与步骤？

2.3 数据库设计有模式，您原来想到了吗？若想到了，您认为应该怎么才能学习好数据库设计模式？若没想到，这是什么原因？

2.4 数据库中的表分为四种类型有什么好处？

2.5 软件企业家李开复的名言是"世界因你不同"，这句话对您今后从事创新工作会有何启示？

2.6 基本表与中间表、临时表不同，具体表现在哪些方面？

2.7 "E-R 图实质上是指基本表联系图"，这句话您懂吗？能联系实际讲一讲吗？

2.8 "对于同一个信息系统，数据库设计中的基本表个数不是越多越好，而是越少越好"，这句话您懂吗？能联系实际讲一讲吗？

2.9 "原始单据与实体之间联系可以是一对一、一对多、多对一的联系"，这句话您懂吗？若懂，请另举个例子说明之。

2.10 "因为元数据被定义为组织基础数据的数据，所以在数据库需求分析中，元数据要一个不多、一个不少地找出来"，这句话您懂吗？您会找元数据吗？应当如何寻找呢？

2.11 "向基表中追加记录，对数据库的功能、性能进行全面测试"，您理解吗？您会做吗？

2.12 您喜欢数据库设计中的""六个范式"理论"还是喜欢"四个原子化"理论？这是为什么？

2.13 六个范式理论只是数据库设计在理论研究工作中的准则，而"四个原子化"理论才是数据库设计在实践行动中的指南。这句话对吗？为什么？

2.14 您喜欢原始 E-R 图还是现代 E-R 图，这是为什么？

2.15 有时为了提高数据库的运行效率，就必须降低范式标准，适当保留冗余数据，这就是用空间换时间的做法。请详细解释这句话的含义。

2.16 您是否想过：要是"四个原子化"理论出现在范式理论前，那该多好！如果是这样，全世界的数据库老师、数据库学生、数据库设计师该少走多少弯路、节省多少时间！现在要问：这种想法对吗？为什么？

2.17 "关系数据库管理系统本质上只能处理表之间的一对多联系，即主从联系"，这句话对吗？您怎么理解它？

2.18 我们定义一对多联系为原子联系，多对多联系为非原子关系。"第三者插足模式"的作用就是将非原子关联系化为原子联系。这句话对吗？您怎么理解它？

2.19 为什么列变行模式是"以不变应万变"的设计模式？请举例说明。

2.20 数据库设计中"列变行模式"的实质，是解决实体本身的原子化问题。也就是说，解决数据库设计符合 BCF、4NF、5N 的问题。您怎么理解这一科学论断？

2.21 您怎么看待数据库设计中的"实体主导型"方法与"属性主导型"方法之争？

2.22 关系数据库的精髓，就是一张二维表加上"四个原子化"理论。因为"二维表"彻底解决了数据库原理问题，"四个原子化"理论彻底解决了数据库规范化设计问题。为什么？

第3章 PowerDesigner 建模实践指南

本章导读

Sybase PowerDesigner 是数据库建模工具之一，应用领域宽，普及面广，应用时间长，也十分成熟，因此它是 IT 企业常用的 CASE 工具。计算机及软件专业方向的大学生、研究生、博士生和软件工程师必须掌握它，如同掌握办公软件一样，并用它来解决数据库建模问题。最好的学习方法是利用它建立一个实际的 E-R 图。

PowerDesigner 的理论基础是数据库设计规范化理论，或者说是"四个原子化"理论（属性原子化、实体原子化、主键原子化、联系原子化），表 3-1 列出了读者在本章学习中要了解、理解和掌握的主要内容。

PowerDesigner 本身并不难，难的是数据库的需求分析、概念设计和物理设计，即数据库的建模理念。掌握了"四个原子化"理论后，这些问题就迎刃而解了。所谓数据库设计高手，就是他熟悉了"四个原子化"理论和 PowerDesigner 建模工具。

表 3-1　本章要求

要　求	具 体 内 容
了　解	（1）PowerDesigner 的理论基础是数据库设计规范化理论，或者说是"四个原子化"理论 （2）PowerDesigner 的发展历史 （3）PowerDesigner 的安装和启动 （4）PowerDesigner 的工作界面及图标
理　解	（1）用 PowerDesigner 进行数据库业务模型设计 （2）用 PowerDesigner 进行面向对象模型设计 （3）PowerDesigner 只是一种语言，或者是一个工具 （4）设计数据模型的关键是数据库需求分析，形成概念数据模型
关　注	（1）概念数据模型 CDM 的建模方法 （2）物理数据模型 PDM 的建模方法 （3）由概念数据模型 CDM 到物理数据模型 PDM 的转换方法

3.1 数据库设计工具概述

1. 数据库设计工具

数据库设计的工具目前主要有 PowerDesigner、ERWin、Oracle Designer、Visio 和 ProcessOn。

（1）PowerDesigner

PowerDesigner 是功能强大、客户最多、应用最广的专业级的 CASE 工具，是数据库设计工具的首选目标，它是 Sybase 推出的主打数据库设计工具，采用基于 E-R 图的数据模型，分别从概念数据模型 CDM 和物理数据模型 PDM 两个层次对数据库进行设计。概念数据模型描述的是独立于数据库管理系统的实体定义和实体关系模型定义。物理数据模型是在概念数据模型的基础上,针对目标数据库管理系统的具体化。尽管 PowerDesigner 提供数据库业务模型设计、面向对象模型设计、正向工程设计和逆向工程设计等功能，以及与 PowerBuilder、Delphi、VB 等数据库开发语言相配合使用，以达到缩短开发时间的目的，但是用得最多的还是概念数据模型 CDM 设计和物理数据模型 PDM 设计。

注意，PowerDesigner 只是数据库分析、设计、实现的图形化语言或图形化工具，它本身不是数据模型，更不是方法论。真正的数据模型或方法论是在设计者的头脑里与心灵中，PowerDesigner 只是帮助你实现心中的数据模型或方法论而已。因此，懂得数据模型或方法论才能容易学习 PowerDesigner。

（2）ERWin

ERWin 是 CA 公司出品的，也是专业级的数据库设计工具，界面简洁漂亮，也是采用 E-R 模型，但是图形的表现方式略有差异。如果是开发中小型数据库，可以考虑推荐 ERWin，它的 E-R 图给人的感觉十分清晰。

（3）Oracle Designer

Oracle Designer 是一个建模工具集,在数据库应用的整个开发生命周期中提供丰富的图形化支持工具。Oracle Designer 支持面向对象和面向实体关系的两种建模方式，使得业务建模非常灵活，不但支持用统一建模语言 UML 建立的面向对象模型，而且支持用 E-R 图建立的面向元数据的实体关系模型。

Oracle Designer 专门为 Oracle 数据库管理系统服务。

（4）Visio

Visio 是微软的一个图表设计工具箱，附带提供一个小型的、入门的、非专业级的数据库设计模板，只能从事一些简单的数据库设计，它本质上不是一个数据库设计 CASE 工具。

（5）ProcessOn

ProcessOn 是面向对象分析与设计建模的工具，在第 5 章专门介绍。

2. PowerDesigner

PowerDesigner 最初由王晓昀（Xiao-Yun Wang）在 SDP Technologies 公司开发完成。1991 年,PowerDesigner 开始在美国流行,目前的版本为 16.6。它融合了业务流程图（Business Process Management，BPM）、实体－关系图、统一建模语言（Unified Modeling Language，UML）等建模技术，为用户提供了一个统一的企业数据库建模空间，并且实现了各模型之间的灵活转换机制。

　　无论是需求分析、概要设计还是详细设计和测试，都存在一个软件模型问题，都需要建模。在什么时候建模和建立什么模型是建模方法学问题。用什么工具建模是建模的具体操作问题。本章的重点是讨论后一个问题，只是顺便说明前一个问题。

　　本章介绍 PowerDesigner 的功能、界面和使用方法，作为应用程序建模的实践指南。PowerDesigner 中常用的 4 个模块是：

　　① 业务流程处理模块，用于业务流程图 BPM 的设计。

　　② 概念数据模型处理模块，用于概念数据模型的设计。

　　③ 物理数据模型处理模块，用于物理数据模型的设计，即完成数据库的详细设计，包括数据库建表、建索引、建视图、建存储过程、建触发器等项功能。

　　④ 面向对象模型（Object-Oriented Model，OOM）处理模块，用于面向对象的逻辑模型设计，能够完成程序框图设计，其生成的源代码框架可以为编码阶段提供帮助。

3.2　PowerDesigner 的安装和启动

1. PowerDesigner 的安装

　　PowerDesigner 安装程序采用目前流行的 Installshield 安装界面，只要运行 Setup.exe 文件，按照向导提示就可以安装成功。

　　① 安装路径选择。在如图 3-1 所示的安装界面中单击"Browse"按钮，选择 PowerDesigner 的安装路径。

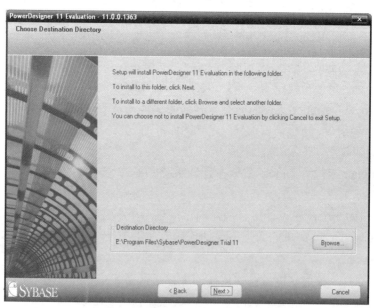

图 3-1　PowerDesigner 的安装路径选择

　　② 功能模块安装选择。在如图 3-2 所示的功能模块的选择界面中，用户可以根据自己的需求选择所要安装的模块。在某模块上单击鼠标，右侧的 Description 文本框中会显示相应功能模块的描述。

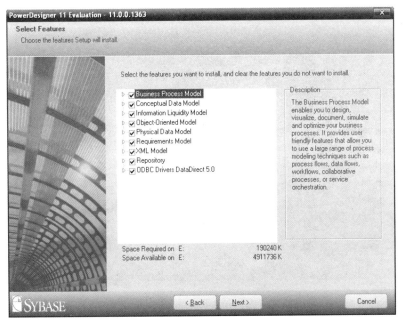

图 3-2　功能模块选择界面

③ 正式安装前检查设置。如图 3-3 所示，"Current Settings"文本框中列出了具体的安装选项，如果发现错误，则单击"Back"按钮，对之前的配置可重新设置。如果设置正确，则单击"Next"按钮，进入正式安装。

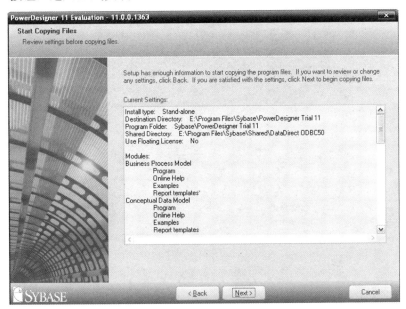

图 3-3　检查安装设置

④ 安装完毕，如图 3-4 所示，单击"Finish"按钮，完成整个安装过程。

2．PowerDesigner 的启动

PowerDesigner 安装后，在 Windows 操作系统的"开始"菜单中选择"PowerDesigner"，就可以启动 PowerDesigner，如图 3-5 所示。

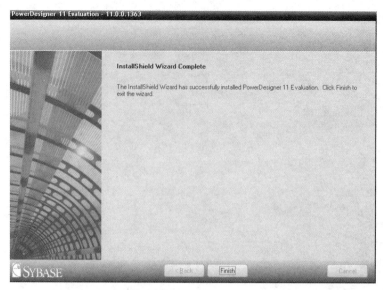

图 3-4　安装完成

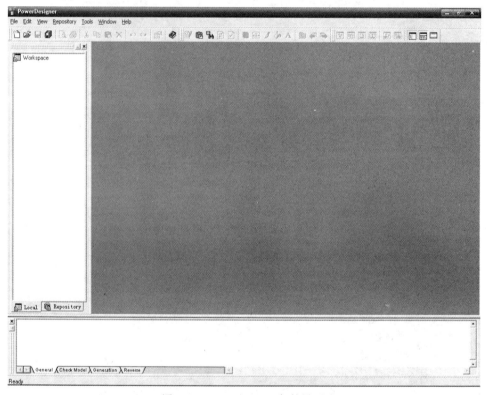

图 3-5　PowerDesigner 初始界面

3.3　数据库业务模型设计

不管是软件开发、数据库开发还是信息管理系统开发，第一步都是进行需求分析。在需求分析阶段，系统分析人员可以利用 PowerDesigner 提供的业务处理模型（BPM）描述系统的行为和需求。在 PowerDesigner 中创建业务处理模型的步骤如下。

1. 创建业务处理流程图

在 PowerDesigner 初始界面中选择"File→New"菜单命令，弹出如图 3-6 所示的对话框，在"Model type"中选择"Business Process Model"，在"Process language"中选择"Analysis"，在"First diagram"中选择"Business Process Diagram"，即业务处理流程图（BPD）。

业务处理流程图用控制流、数据流等表示过程中的交互作用。Analysis 表示业务处理流程图不包含任何执行细节，可以作为面向对象分析时的输入文档。

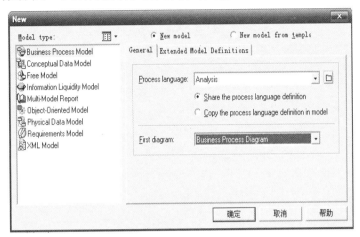

图 3-6　创建业务处理流程图

单击"确定"按钮，完成业务处理流程图的创建。

此时，Palette 工具框包含了绘制业务处理流程图所需的各种对象。用户使用这些对象来描述系统需求。下面是各种对象的说明：

① ● （起点）：业务处理流程图所表达的整个处理过程的起点，表示处理过程和处理过程外部的入口。因为在一个业务处理模型中可以定义多个业务处理流程图，所以在一个模型中可以创建多个起点。

② ▭ （处理过程）：为了达到某个目标而执行的动作，如按照指定的需求设计软件。每个处理过程至少有一个输入流和一个输出流。

③ ♛ （组织单元）：指定为处理过程负责的组织，可以是公司、系统、服务、组织、用户或角色，也可以是使用更高级处理过程的业务伙伴。

④ → （流程）：表示存在或可能存在数据交互的两个对象间的交互关系。

⑤ ▯ （资源）：类似数据存储，可以是数据、文档、数据库、组件等处理过程，可以用于特殊资源。

⑥ → （资源流）：箭头的方向表示资源流程的方向，如图 3-7 所示。当资源流来自处理过程时，资源的访问方式应当为 Create、Update 或 Delete。当资源来自资源流时，访问方式为 Read，表示资源被处理过程读取。当资源流的访问方式为 Read 和其他访问方式混合时，资源流程图标为双向箭头。

⑦ ⇄ （同步）：允许两个或多个并发动作同步，或者允许分离设计的流程同步。

⑧ ◇ （多路分支）：表示多个流路径都有可能被选择，但在执行期间只有一个流路径被触发。

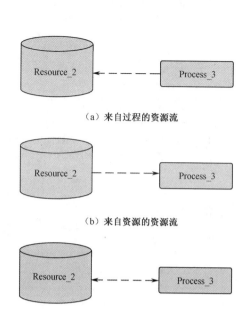

（a）来自过程的资源流

（b）来自资源的资源流

（c）混合访问模式的资源流

图 3-7　资源流三种方式

⑨　◉（终点）：业务流程图中处理过程的终止点。因为在一个业务处理模型模型中可以使用多个业务处理流程，因此在一个包或模型中允许定义多个终点。如果需要，在同一个业务流程图中也允许定义多个终点，如正确与错误情况的终点是不同的，可以定义两个终点。

有了以上这些对象，系统分析设计人员就可以根据不同系统需求对业务处理模型进行设计了。

2．创建起点

创建起点的步骤如下：

<1>　在工具栏中单击"●"（起点）图标，在工作区中单击鼠标，建立一个起点图形符号。单击鼠标右键，使光标恢复箭头状。

<2>　双击"●"（起点）图标，打开"起点属性"窗口，如图 3-8 所示。

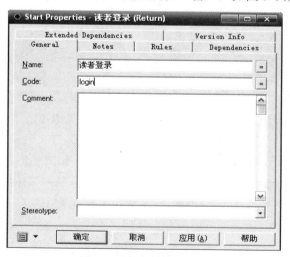

图 3-8　"起点属性"窗口

<3>　修改起点属性窗口内容，其中"Name"为起点名称，"Code"为起点代码，"Comment"

为起点注释。

<4> 单击"确定"按钮，完成修改。

默认状态下，业务处理模型中不显示起点名称，如果希望显示，则可以使用以下方法：

<1> 选择"Tools→Display Preferences"菜单命令，打开"显示参数"窗口。

<2> 在左侧 Category 目录树中选择"Object View"，单击"Start&End"】，在右侧窗格中选中"Show name"选项。

3．定义处理过程

定义处理过程的步骤如下：

<1> 在"Palette"工具栏中选择 ▭（处理过程）图标，在工作区中单击鼠标，新建一个处理过程图形符号。单击鼠标右键，恢复鼠标箭头状。

<2> 双击 ▭（处理过程）图标，打开处理"过程属性"窗口，如图 3-9 所示。

图 3-9 "过程属性"窗口

<3> 修改"过程属性"窗口内容，其中"Name"为处理过程名称，"Code"为处理过程代码，"Comment"为处理过程的注释，"Timeout"为处理延时，"Duration"为持续时间。

<4> 单击"确定"按钮，完成修改。

4．定义资源

定义资源的步骤如下：

<1> 在工具栏中单击 ▢（资源）图标，在工作区中单击鼠标，建立一个资源图形符号。单击鼠标右键，使光标恢复箭头状。

<2> 双击 ▢（资源）图标，打开"资源属性"窗口，如图 3-10 所示。

<3> 修改"资源属性"窗口的内容，其中"Name"为资源名称，"Code"为资源代码，"Comment"为资源注释。

<4> 单击"确定"按钮，完成修改。

5．定义终点

定义终点的步骤如下：

图 3-10 "资源属性"窗口

<1> 在工具栏中单击◉(终点)图标,在工作区中单击鼠标,建立一个终点图形符号。单击鼠标右键,使光标恢复箭头状。

<2> 双击◉(终点)图标,打开"终点属性"窗口,如图 3-11 所示。

图 3-11 "终点属性"窗口

<3> 修改"终点属性"窗口的内容,其中"Name"为终点名称,"Code"为终点代码,"Comment"为终点注释,"Type"为终点类型。

<4> 单击"确定"按钮,完成修改。

6. 定义流程

定义流程的步骤如下:

<1> 在工具栏中单击→(流程)图标,在流程图的起始处理过程中单击鼠标左键并拖动鼠标至第二个处理过程。两个处理过程间会增加一个流程图形符号。单击鼠标右键,使光标恢复箭头状。

<2> 双击→(流程)图标,打开"流程属性"窗口,如图 3-12 所示。

<3> 修改"流程属性"窗口的内容,其中"Name"为流程名称,"Code"为流程代码,"Comment"为流程注释,"Source"为流程流出处,"Destination"为流程流入处,"Flow type"为流程的类型。

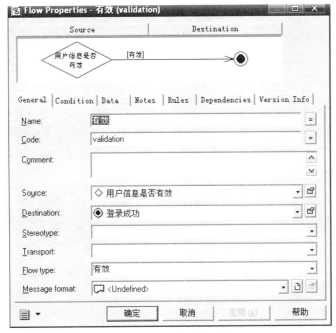

图 3-12 "流程属性"窗口

<4> 单击"确定"按钮，完成修改。

3.4 数据库概念模型设计

概念数据模型（CDM）是数据库设计的关键。在概念数据模型设计过程中不需考虑实际物理实现的细节，只需考虑实体的属性及实体之间的关系。概念数据模型可以进行数据图形化、形象化，数据表设计的合法性检查，为物理数据模型的设计提供基础。通常，概念数据模型利用 E-R 图作为表达方式。

3.4.1 创建概念数据模型

首先介绍 PowerDesigner 概念数据模型的开发环境。打开 PowerDesigner 开发环境，选择"File→New"菜单命令，弹出如图 3-13 所示的对话框，在"Model type"中选择"Conceptual Data Model"，单击"确定"按钮，出现一个新建概念数据模型的窗口，如图 3-14 所示。

"Palette"工具栏中包括各种概念数据模型的设计模板，其功能如下。

① （实体，Entity）：创建实体。

② （继承，Inheritance）：创建继承。

③ （联系，Relationship）：建立联系，实体通过关系相互关联。

④ （关联，Association）：创建关联。

⑤ （标题，Title）：创建标题。

⑥ （依赖，Link/Extended Dependency）：创建依赖。

⑦ （链接，Link）：创建链接。

⑧ （注释，Note）：创建注释。

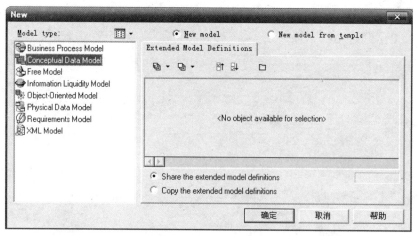

图 3-13　建立概念数据模型

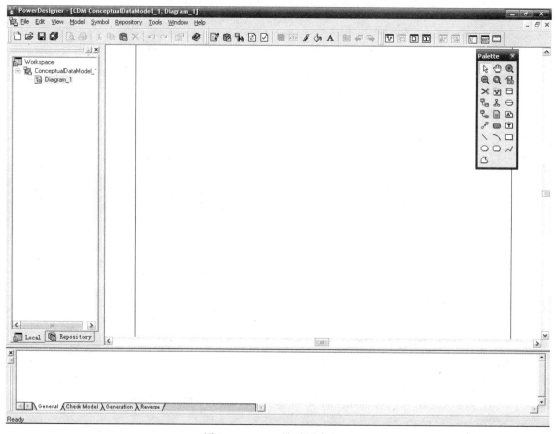

图 3-14　CDM 模型新建窗口

本章以"图书馆信息管理系统"为例，介绍在 PowerDesigner 中如何创建概念数据模型，其中只是"图书馆信息管理系统"的某些功能模块，不是完整的"图书馆信息管理系统"。

3.4.2　创建实体

先为"图书馆信息管理系统"定义实体，各实体的含义如表 3-2 所示。要使"图书馆信息管理系统"流程能运转，还需要为这些实体建立如表 3-3 所示的关系。

表 3-2 "图书馆信息管理系统"实体含义

实 体 名	含 义
图书信息 book_info	记录图书的基本信息
读者信息 reader_info	记录读者的基本信息
借阅管理 borrow_info	记录图书借阅情况
管理员信息 admin_info	记录管理员基本信息
罚款管理 amerce_info	记录罚款情况

表 3-3 "图书馆信息管理系统"实体关系

实 体 一	实 体 二	关系描述	关 系
借阅管理	图书信息	一本书可以借给多个读者	一对多
借阅管理	读者信息	一个读者可以同时借多本书	一对多
罚款管理	读者信息	一个读者可以对应多笔费用,一笔费用必须对应一个读者	一对多

然后为"图书馆信息管理系统"CDM 建立实体。

<1> 建立实体框。

在"Palette"工具栏中选择 ▢ (实体,Entity)图标,回到屏幕中单击鼠标左键,一个实体就被放置在单击位置。单击鼠标右键,使鼠标恢复箭头形状。

<2> 定义实体。双击 ▢ (实体,Entity)图标,打开实体定义窗口,选择"General"页,对实体属性进行设置,如图 3-15 所示。General 页各项含义如下:"Name"为实体名称,可以输入中文信息;"Code"为实体代码,必须输入英文;"Comment"为实体的注释;"Number"为实体个数(将来的记录条数)。

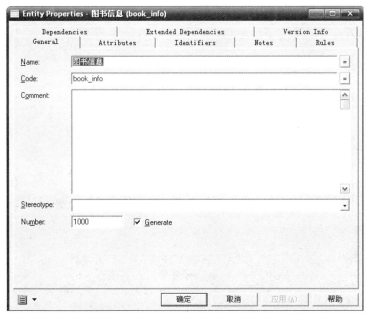

图 3-15 "实体属性"窗口 General 页

<3> 定义属性。选择"Attributes"页,输入实体各属性,如图 3-16 所示。选择"Insert A Row"图标插入新行。Attributes 页各项含义如下:"Name"为属性名称,可以输入中文信息;"Code"为属性代码,必须输入英文;"Data Type"为根据属性选择的数据类型;"Domain"

表示使用域作为数据类型；"M"（Mandatory）为强制属性，表示属性值是否允许为空；"P"（Primary Identifier）为主键标识符；"D"（Displayed）表示在实体符号中是否显示属性。

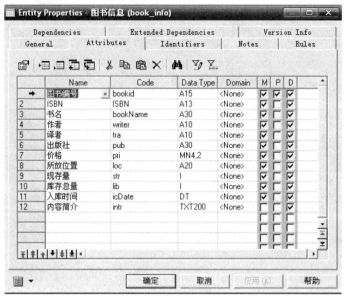

图 3-16　定义属性的窗口

在"Data Type"列，单击鼠标左键，会出现"⋯"按钮，单击它，弹出"标准数据类型"设置窗口，如图 3-17 所示。

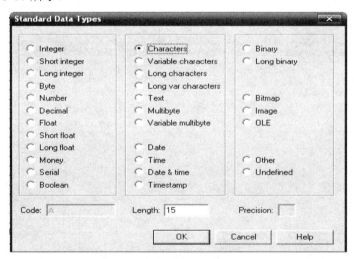

图 3-17　标准数据类型设置

<4> 定义完毕，单击"确定"按钮，回到 CDM 窗口，实体图形符号如图 3-18(a)所示。

<5> 同理，按步骤<1>～<4>创建"借阅管理""读者信息""管理员信息""罚款管理"4个实体。完成后如图 3-18(b)～(e)所示。

3.4.3　建立实体之间的关系

完成实体创建以后，接下来建立这些实体之间的关系，步骤如下：

图书信息

图书编号	<pi>	A15	<M>
ISBN		A13	
书名		A30	
作者		A10	
译者		A10	
出版社		A30	
价格		MN4,2	
所放位置		A20	
现存量		I	
库存总量		I	
入库时间		D	
内容简介		TXT200	

Identifier_1 <pi>

（a）

借阅管理

借阅编号	<pi>	A15
图书编号		A15
借阅日期		D
应还日期		D
押金		MN3,2
借阅次数		SI

Identifier_1 <pi>

（b）

读者信息

读者 ID	<pi>	A15	<M>
姓名		A10	
密码		A6	
性别		A2	
出生日期		D	
证件名称		A10	
证件号码		N20	
电话		N15	
登记日期		D	
是否挂失		BL	

Identifier_1 <pi>

（c）

管理员信息

管理员编号	<pi>	A15	<M>
姓名		A10	
密码		A6	
电话		N15	

Identifier_1 <pi>

（d）

罚款管理

罚款编号	<pi>	A15
罚款金额		MN3,2
罚款日期		D
备注		TXT100

Identifier_1 <pi>

（e）

图 3-18 各实体的图形符号

<1> 在"Palette"工具栏中单击 （联系，Relationship）图标，单击要建立联系的两个实体中的一个，拖动鼠标到另一个实体上，释放鼠标，这样就建立了两个实体间的关系。单击鼠标右键，使鼠标恢复箭头形状。

<2> 双击两实体之间的 （联系，Relationship）图标，打开"关系属性"定义窗口，如图 3-19 所示。"General"选项卡的各项含义如下："Name"为关系的名称，可以输入中文信息；"Code"为关系的代码，必须输入英文；"Comment"为关系的注释；"Entity1"和"Entity2"为实体的名称。

图 3-19 "General"选项卡

<3> 在"关系属性"窗口单击"Detail"选项卡，如图 3-20 所示。

图 3-20 "Detail"选项卡

其中,"借阅管理 to 图书信息"栏表示实体"借阅管理"到实体"图书信息"的关系,"图书信息 to 借阅管理"栏表示实体"图书信息"到实体"借阅管理"的关系。

关系线上的"◄"表示"多","○"表示"可选"。如果选择"Mandatory"复选框,会使"○"变为"|",表示"强制";如果选择"Dependent"复选框,会使"◄"变为"◄⊨",表示依赖关系。"Cardinality"表示基数,其值会依据选择"Mandatory""Dependent"而改变。

<4> 同理,重复步骤<1>~<3>,定义其他实体间的关系,完成后如图 3-21 所示。

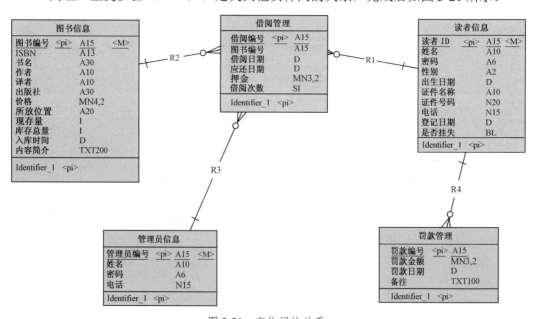

图 3-21 实体间的关系

3.4.4 定义域

域是一个或一组属性的取值范围。定义的域可以被多个实体的属性共享使用,域的定义使不同实体之间的属性标准化更加容易。例如，在模型设计中，可以定义一个 BookName 域，使它的数据类型为 VarChar(20)，这个记载"书名"的属性可能被包含在多个实体中，一旦修改 BookName 的定义，使用该域的所有"书名"的属性的定义都会随之改变。

定义域的方法为：选择"Model→Domains"菜单命令，打开"域列表"窗口，并在其中添加一个域，如图 3-22 所示。其中各项的含义如下："Name"为域的名称；"Code"为域的代码；"Data Type"为数据类型；"Length"为数据宽度；"Precision"为数据精度，即表示小数点后多少位。

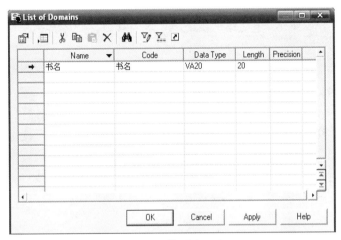

图 3-22   "域列表"窗口

定义好各域后，单击"OK"按钮，返回 CDM 模型窗口。

双击要引用域的 ▭（实体，Entity）图标，打开"实体属性"定义窗口，选择"Attributes"选项卡，把属性为"书名"的数据类型改为"Undef"；然后在"Domain"栏中选择刚才定义好的域"书名"，其数据类型为"VA20"，即可变长的字符串 20 位。单击"应用"按钮，可以看到属性的数据类型变为域的数据类型，如图 3-23 所示。

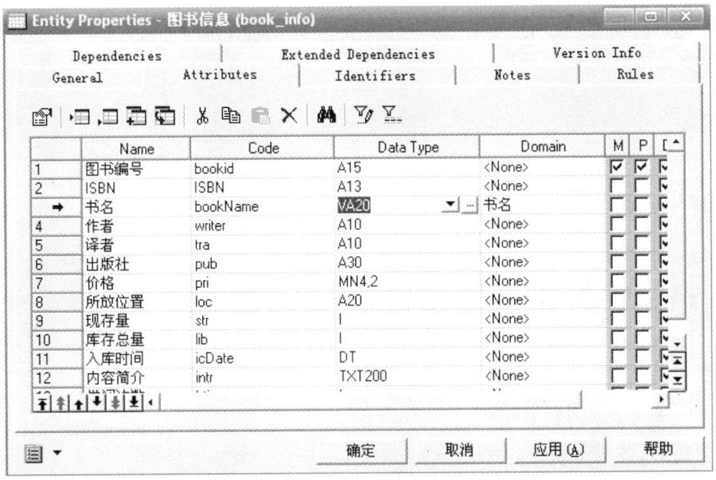

图 3-23   属性"书名"使用域"书名"

定义了域之后，如果修改属性的数据类型，只需要修改域的数据类型，不需每个属性单独修改。读者可以根据上述方法定义"图书馆信息管理系统"的其他域。

3.4.5　定义业务规则

业务规则是信息系统对所描述对象数据完整性的特殊约束。一个标准、一个客户的需求或一个软件开发规范手册都可以是一个业务规则。当实体中包含的信息发生改变时，系统会检查这些信息是否违反了特定的业务规则。这些业务规则有：Constraint（约束型）、Definition（定义型）、Fact（事实型）、Formula（公式型）、Requirement（需求型）和 Validation（校验型）。

① Constraint（约束型）：增加对值的约束，用于物理数据模型（PDM），并会转化在数据库表中，如工程的开始时间要在结束时间之前。

② Definition（定义型）：定义信息系统中元素的属性，如顾客是一个由姓名和地址唯一确定的一个人。

③ Fact（事实型）：确定信息系统中存在的业务信息，如一个顾客可能拥有一张或多张订单。

④ Formula（公式型）：在信息系统中用于计算的公式信息，如计算所有订单的总价等。

⑤ Requirement（需求型）：信息系统中特定的业务功能，如所有商品降价 10%等。

⑥ Validation（校验型）：在信息系统中约束值的业务规则，如分数的值不能为负数等。

业务规则一般通过数据库的触发器、存储过程、数据约束或应用程序来实现。为了描述实体中数据的完整性，可以先在概念数据模型（CDM）中定义业务规则，然后在物理数据模型（PDM）或应用程序中实现。在"图书馆信息管理系统"中，以"校验型"为例介绍如何定义业务规则。

首先，在概念数据模型（CDM）中选择"Model→Business Rules"菜单命令，打开"业务规则列表"定义窗口，如图 3-24 所示。

在空行上单击鼠标，输入业务规则的相应项，然后单击"Apply"按钮。其中各项的含义如下："Name"为业务规则的名称；"Code"为业务规则的代码；"Comment"为业务规则的注释；"Rule Type"为业务规则类型。

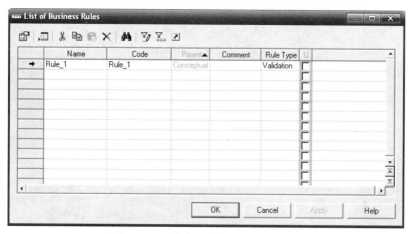

图 3-24　"业务规则列表"定义窗口

定义完毕，选择刚才定义的业务规则，单击 （Properties）图标，打开"业务规则属性"定义窗口，如图 3-25 所示。在"Expression"选项卡中输入图 3-25 中的表达式。单击"确定"按钮，返回"业务规则列表"定义窗口。单击"OK"按钮，返回 CDM 模型窗口。

读者可按如上方法在"图书馆信息管理系统"中添加其他业务规则。

图 3-25 "Expression" 选项卡

3.4.6 定义概念数据模型的属性

定义概念数据模型（CDM）的属性时，一个信息系统可能分为多个模块，每个模块都需要建立对应的 CDM 模型。为了便于管理，可以为每个 CDM 模型定义特定的属性。选择"Model → Model Properties"菜单命令，打开模型属性设置的窗口，如图 3-26 所示。

图 3-26 模型属性设置

其中各项含义如下："Name"为模型的名称，可以是中文；"Code"为模型的代码，必须是英文；"Comment"为注释，可以是中文；"Author"为作者，可以是中文；"Version"为版本号；"Default diagram"为默认的概念数据模型图。

单击"确定"按钮，完成概念数据模型（CDM）的属性的定义，并且会在概念数据模型（CDM）图形中显示出来。

注意，它是定义概念数据模型（CDM）的属性，不是定义实体属性！

3.5 数据库物理模型设计

完成概念数据模型（CDM）设计后，将进入数据库的物理设计阶段。在 PowerDesigner

中，物理数据模型（PDM）可以实现数据库的物理设计。可以在 PowerDesigner 环境中直接创建物理数据模型（PDM），也可以根据已完成的概念数据模型（CDM），采用内部模型转换的方法生成物理数据模型（PDM）。

本节首先简要介绍在 PowerDesigner 环境中创建物理数据模型（PDM），包括：创建表，创建列，创建视图，创建索引；然后介绍如何根据已有的概念数据模型（CDM）生成物理数据模型（PDM）。我们推荐后一种方法，因为提倡在概念数据模型（CDM）设计中尽量完成所有的数据库设计工作。

3.5.1　创建物理数据模型

在 PowerDesigner 主窗口中，选择"File→New"菜单命令，在打开的窗口中选择"Physical Data Model"模型类型，并选择"General"选项卡，如图 3-27 所示。其中，"DBMS"项为目标的数据库类型，选择"Share the DBMS definition"或"Copy the DBMS definition in model"单选钮，为新建的物理数据模型（PDM）选择使用数据库管理系统的文件方式。

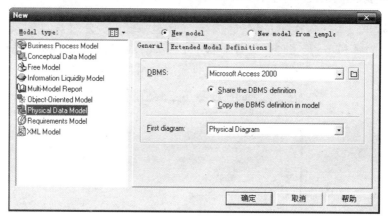

图 3-27　新建物理数据模型

选择"Extended Model Definitions"选项卡，如果利用 PowerBuilder 来开发应用程序，当 PowerBuilder 连接数据库时，将表和列的扩展属性保存到其 Catalog 表中，选择"PowerBuilder"复选框，生成的物理数据模型（PDM）可以从 Catalog 表中获取表和列的扩展属性，如图 3-28 所示。

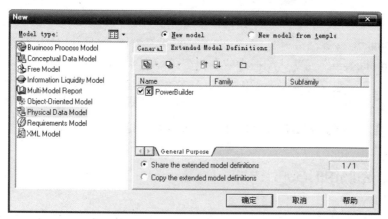

图 3-28　扩展属性

单击"确定"按钮，打开新建的 PDM 图形窗口，如图 3-29 所示。在"Palette"工具栏中有建立 PDM 所需的工具，其中部分工具与 CDM 工具栏一样，这里不再重复，只选取 PDM 特有的工具来介绍。

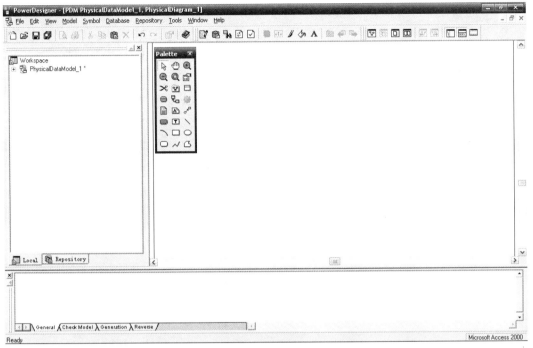

图 3-29　PDM 图形窗口

① ▭（表，Table）：创建表。

② ▦（参照，Reference）：创建参照关系。

③ ▤（视图，View）：创建视图。

④ ⚙（存储，Procedure）：创建存储过程。

3.5.2　创建表

单击"Palette"工具栏中的 ▭（Table）图标，回到屏幕中，单击鼠标左键，一个表就被放置在单击位置，PDM 中的表对应 CDM 中的实体，如图 3-30 所示。单击鼠标右键，使鼠标恢复箭头形状。

然后双击 ▭（Table）图标，打开"表属性"窗口，如图 3-31 所示。在"表属性"窗口中可以对表属性进行设置，其中各项的含义如下："Name"为表的名称；"Code"为表的代码；"Generate"表示在数据库中生成一个真正的表；"Number"为表的记录数。

3.5.3　创建列

首先双击表的图形符号，进入"表属性"窗口，选择"Columns"选项卡，如图 3-32 所示。其中各项含义如下："Name"为列名，可以是中文；"Code"为列的代码；"Data Type"为该列的数据类型；"M"（Mandatory）为强制属性，表示该列值是否为空；"P"（Primary Identifier）为主标识符，表的主键；"D"（Displayed）表示该列是否显示。

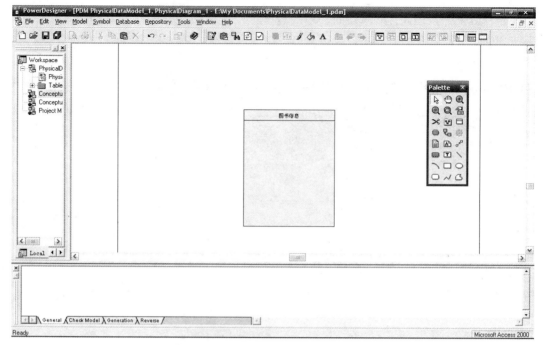

图 3-30　准备建立表

图 3-31　"General"选项卡

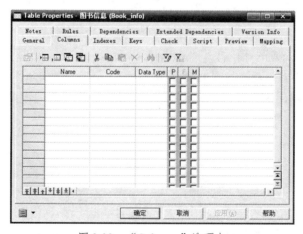

图 3-32　"Columns"选项卡

在图 3-32 中，按照需要添加表中的各列，如图 3-33 所示。单击"确定"按钮，回到 PDM 图形窗口，得到图书信息表，如图 3-34 所示。

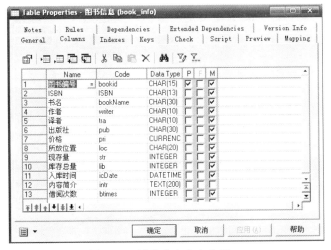

图 3-33　图书信息表中的列

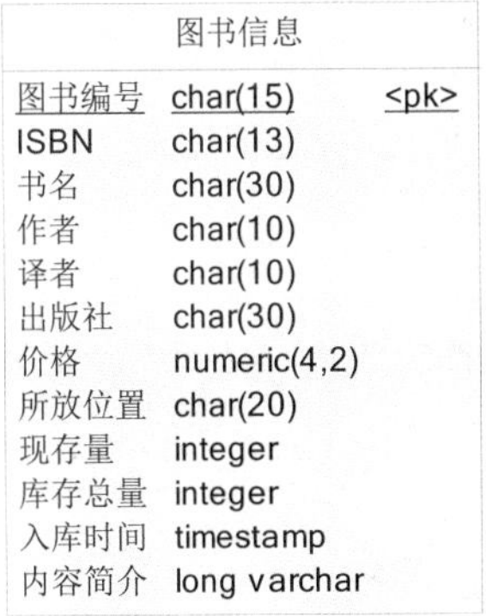

图 3-34　图书信息表

通过上述步骤，就完成了一个表的设计。

3.5.4　创建索引

索引是一个与表有关的数据结构，它通过索引列进行逻辑排序。建立索引能有效地提升查询速度。可以为相关的一列或多列建立索引，或为主键或候选键建立索引。

建立索引的方法为：在 PDM 窗口中，双击要建立索引的表，打开"表属性"定义窗口，选择"Indexes"选项卡，如图 3-35 所示；在"Name"列或"Code"列空白行处单击鼠标，可以添加一个新索引，此时系统自动给出索引名称和代码，用户也可根据需要进行修改。

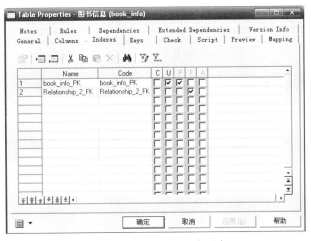

图 3-35　"Indexes"选项卡

然后选中索引的某一行，单击 图标，打开"索引属性"定义窗口，选择"Columns"选项卡，如图 3-36 所示。单击窗口工具栏中的 ![icon](Add Columns) 图标，打开如图 3-37 所示的"选择"窗口，其中列出了表中包含的所有列，用户可以选择一列或者几列作为索引。

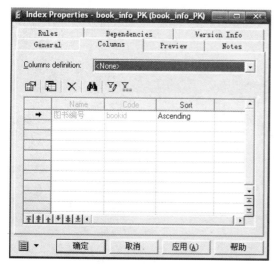

图 3-36 "Columns" 选项卡

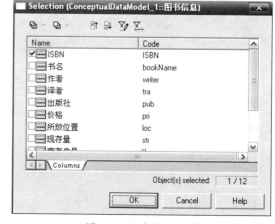

图 3-37 "选择" 对话框

最后，单击"OK"按钮返回，如图 3-38 所示。在新增索引的"Sort"列中选择"Ascending"（升序）或"Descending"（降序）排列方式。

图 3-38 "索引属性" 定义窗口

单击"确定"按钮，回到 PDM 窗口，完成索引的创建。

3.5.5 创建视图

视图为数据库显示数据提供了多种方式。视图是建立在一个或几个基本表或视图之上的虚拟表，它实质上只是一个 SQL 查询语句。

首先，创建空视图。单击"Palette"工具栏中的 ▤（View）图标，并在窗口的空白区域单击鼠标左键，添加一个视图图形符号。双击 ▤（View）图标，打开"视图属性"定义窗口，如图 3-39 所示。其中"General"选项卡的各项含义如下："Name"为视图的名称；"Code"为视图的代码；"Usage"为视图的用途；"Generate"表示是否在数据库中生成视图；"User-defined"表示当用户自定义视图时，是否访问查询编辑器。

图 3-39 "General"选项卡

然后，为视图定义相应的 SQL 语句。在"视图属性"定义窗口中选择"SQL Query"选项卡，如图 3-40 所示。单击窗口下方的  ▼（Add a query）按钮，弹出表之间的连接方式选择菜单。

- ❖ Union：合并两个或多个 Select 语句，查询结果显示所有数据，重复值不显示。
- ❖ Union All：合并两个或多个 Select 语句，查询结果显示所有数据，重复值显示。
- ❖ Interset：合并两个或多个 Select 语句，查询结果显示交集。
- ❖ Minus：合并两个或多个 Select 语句，查询结果显示补集。

在"视图属性"窗口下方单击 （Edit with SQL Editor）按钮，进入 SQL 编辑器，如图 3-41 所示。

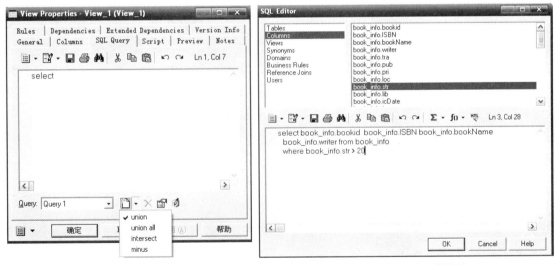

图 3-40 "SQL Query"选项卡　　　　　图 3-41 SQL 编辑器

视图定义完毕，单击"OK"按钮，返回"SQL Query"属性页窗口。再单击"确定"按钮，完成视图的创建。

3.5.6　创建触发器

触发器是存放在数据库中特定表上的一组可执行的 SQL 语句。当数据库发生插入、删除、更新等操作时，触发器会自动执行这组 SQL 语句。在数据库管理系统中，触发器是维护数据完整性的手段之一，但是使用太多的触发器会严重降低数据库的运行效率，甚至造成数据库瘫痪。因此，凡是用存储过程能完成的任务，就坚决不用触发器来实现。注意：不是全部数据库管理系统都支持触发器（如 Access 2000 不支持），数据库管理系统支持触发器的类型也不一定相同。

建立触发器的步骤如下：

<1> 双击 PDM 中的一个表，在"表属性"窗口选择"Triggers"选项卡，单击空白行，就可以新建一个触发器，如图 3-42 所示。

图 3-42　创建触发器

<2> 单击窗口工具栏的 ▦（Properties）按钮，打开"触发器属性"窗口，如图 3-43 所示。其中"General"选项卡的各项含义如下："Name"为触发器的名称；"Code"为触发器的代码；"Comment"为触发器的注释；"Table"是要建立触发器的表；"Generate"表示在数据库中生成对应的触发器；"User-defined"用于自定义。

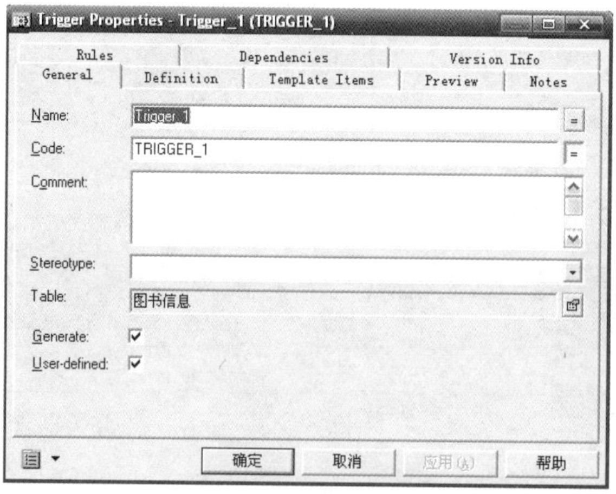

图 3-43　"General"选项卡

<3> 选择"Definition"选项卡，设置触发器的类型和执行代码，如图 3-44 所示。其中，A 选框用于选择触发器模板，B 选框设置触发的时机，C 选框选择触发器类型。

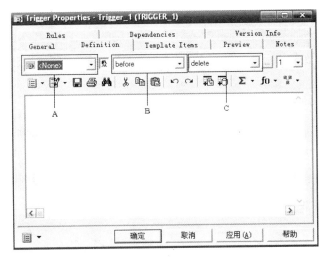

图 3-44　"Definition"选项卡

在"Definition"选项卡中，可以从 A 选框中选择一个触发器模板，或不使用模板而直接输入触发器的执行代码。如图 3-45 所示，是使用触发器模板的一个示例。

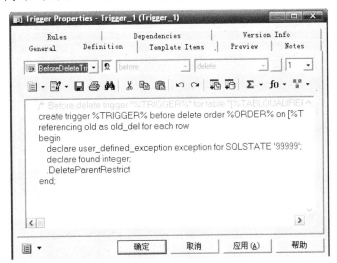

图 3-45　使用触发器模板的一个示例

<4> 单击"确定"按钮，就完成了触发器的定义。

3.5.7　创建存储过程和函数

存储过程是放在数据库中的特殊 SQL 语句和控制流语句的集合。在 PowerDesigner 中，可以定义数据库管理系统支持的存储过程和函数。用户自定义函数是具有返回值的一段程序，它可以被外部查询及其他 SQL 语句调用。建立存储过程和函数的具体步骤如下：

<1> 单击"Model→Procedures"菜单命令，打开"过程列表"窗口。

<2> 在列表中单击空行，添加一个存储过程或函数，输入存储过程或函数的名称和代码，单击"Apply"按钮，提交新建的存储过程，如图 3-46 所示。

<3> 单击图 3-46 窗口工具栏的　(Properties) 按钮，在打开的"过程属性"窗口中选择"Definition"选项卡，如图 3-47 所示。

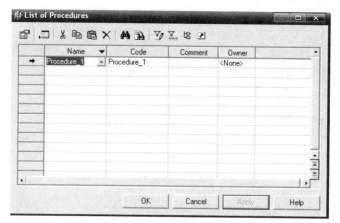

图 3-46　新建存储过程

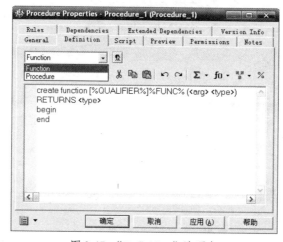

图 3-47　"Definition"选项卡

<4> 在下拉列表框中选择存储过程或函数,文本框中列出相应的模板定义。在文本框中可以定义新的存储过程或函数。

<5> 单击"确定"按钮,就完成了存储过程或函数的定义。

3.5.8　通过 CDM 生成 PDM

CDM 是系统概要设计的成果,我们可以利用系统提供的自动转换功能,将 CDM 直接转换为 PDM,完成数据库的物理设计,并对 CDM 的 E-R 图进行检查和修改。我们提倡由 CDM 生成 PDM,并且希望绝大部分设计工作在 CDM 阶段完成。在由 CDM 转换成 PDM 时,CDM 模型中的对象要转换成 PDM 模型中的对象,它们之间的对象关系如表 3-4 所示。

表 3-4　对象对照表

CDM 模型中的对象		PDM 模型中的对象	
Entity	实　体	Table	表
Entity Attribute	实体属性	Column	列
Primary Identifier	主标识符	Primary Key	主键和外键
Secondary Identifier	次标识符	Alternate Key	候选键
Relationship	联系	Reference	参照关系

CDM 转换为 PDM 的步骤如下：

<1> 打开"Tools→Generate Physical Data Model"菜单命令，打开"PDM 生成选项"设置窗口，选择"General"选项卡，如图 3-48 所示。其中各选项含义：DBMS 为数据库的类型；Name 为物理数据模型的名称；Code 为物理数据模型代码。

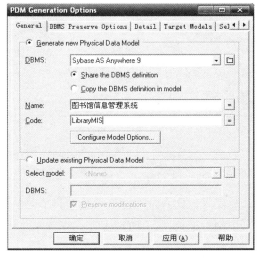

图 3-48 "General"选项卡

<2> 选择"Detail"选项卡，进行物理数据模型的详细设置，如图 3-49 所示。其中各选项含义为："Check mode"表示生成模型时要进行模型检查，若发现错误停止生成；"Save generation dependencies"表示生成 PDM 时保存模型中每个对象的标志，主要用于合并两个从同一个 CDM 生成的 PDM；"Table prefix"为表的前序；"PK index names"为主键索引的名称；"FK threshold"为在外部键上创建索引所需要记录数的最少值选项；"Update rule"为更新规则；"Delete rule"为删除规则；"FK column name template"为外部键列名使用的模板；"Always use template"表示是否总是使用模板；"Only use template in case of conflict"表示仅在发生冲突时使用模板。

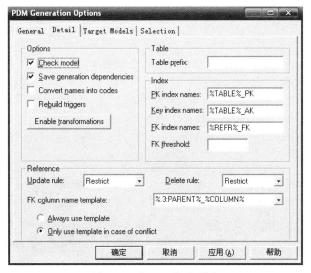

图 3-49 "Detail"选项卡

<3> 单击"Selection"选项卡，选择概念数据模型中已定义的实体，如图 3-50 所示。

图 3-50　选择概念数据模型已定义实体

<4> 选择完毕，单击"确定"按钮，开始生成物理数据模型（PDM）。
生成的物理数据模型（PDM）如图 3-51 所示。

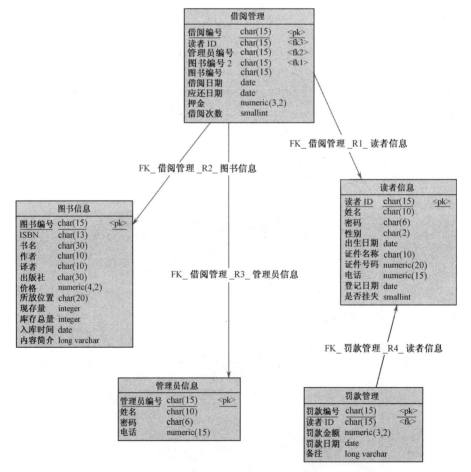

图 3-51　"图书馆信息管理系统"的 PDM

3.6 面向对象模型设计

面向对象模型（OOM）是利用 UML 图形来描述系统结构的模型，它以多种方式表现系统的工作状态。这些图形有助于用户、管理人员、系统分析员、开发人员、测试人员和其他人员之间进行信息交流。

1．创建面向对象模型

在 PowerDesigner 中创建面向对象模型（OOM）的方法如下：

选择"File→New"菜单命令，在弹出的"新建"对话框中选择"Object-Oriented Model"类型，如图 3-52 所示，从"Object language"下拉列表中选择一种面向对象的开发语言，从"First diagram"下拉列表中选择要创建的图形类别。

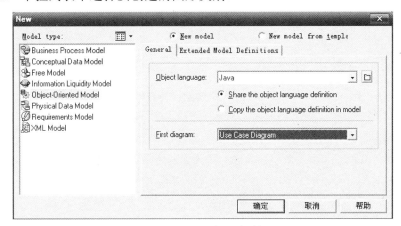

图 3-52　"新建"对话框

单击"确定"按钮，进入面向对象模型（OOM）设计工作区。

2．设计用例图

在面向对象模型（OOM）中可以设计 UML 的所有图，本节以建立用例图（Use Case Diagram）为例。

用例图用于系统需求分析阶段。在用例图设计区的"Palette"工具栏中包括用例图基本构件，其含义如下。

（Actor）：参与者。

（Use Case）：用例。

（Dependency）：依赖关系。

（Generalization）：派生关系。

（Packer）：包。

（Association）：参与者与用例之间的关系。

下面以"图书馆信息管理系统"为例，介绍如何定义用例图。

定义用例图的方法如下：

<1> 单击"Palette"工具栏中的（Use Case）按钮，回到屏幕中单击鼠标左键，一个

用例就被放置在单击位置，如图 3-53 所示。单击鼠标右键，使鼠标恢复箭头形状。

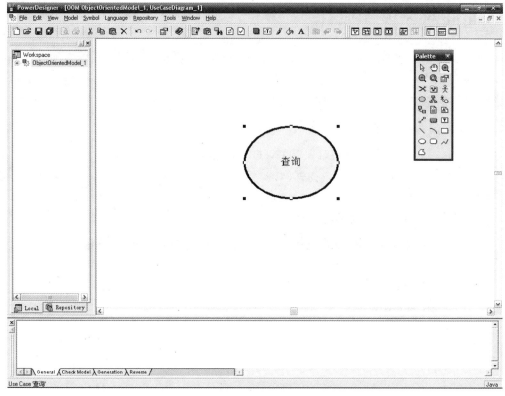

图 3-53　定义用例

　　然后双击 ⬭（Use Case）图标，打开"用例属性"窗口，如图 3-54 所示。在"用例属性"定义窗口中设置用例属性。其中各字段含义与之前"表属性"定义窗口一致，这里不再重复。

图 3-54　"用例属性"定义窗口

　　<2> 单击"Palette"工具栏中的 ☥（Actor）按钮，回到屏幕中单击鼠标左键，一个参与者就放置在单击位置，如图 3-55 所示。单击鼠标右键，使鼠标恢复箭头形状。

　　然后双击 ☥（Actor）图标，打开"参与者属性"窗口，如图 3-56 所示。在"参与者属性"定义窗口中设置参与者属性。各项含义与之前"表属性"定义窗口一致，这里不再重复。

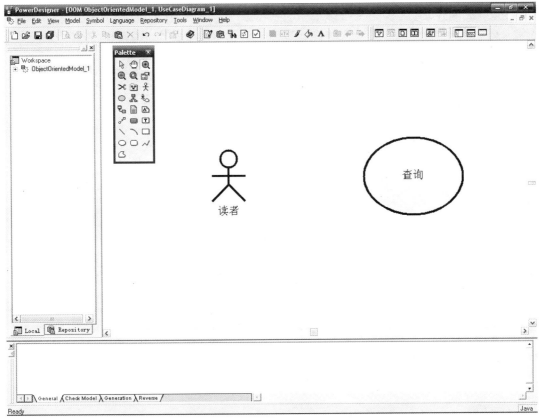

图 3-55 定义参与者

<3> 定义参与者和用例之间的关系。在 Palette 工具栏中单击 🐾（Association）图标，在要建立联系的参与者与用例之间连线。单击鼠标右键，使鼠标恢复箭头形状。

双击关系连线，打开"关系属性"定义窗口，如图 3-57 所示。

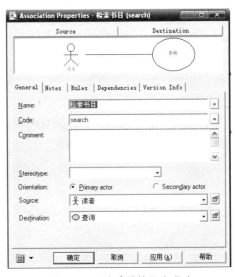

图 3-56 "参与者属性"定义窗口   图 3-57 "关系属性"定义窗口

<4> 同理，按照步骤<1>～<3>定义其他参与者与用例，如图 3-58 所示。

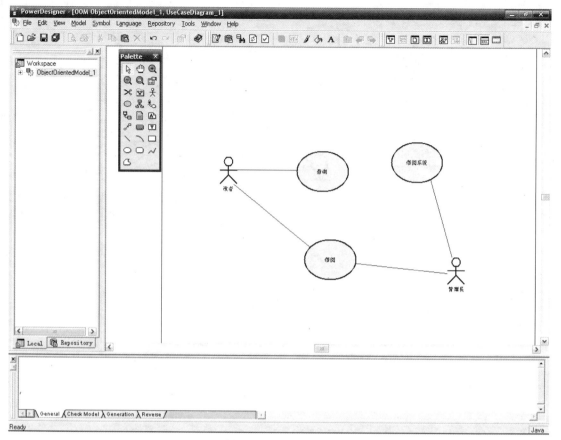

图 3-58　用例图示例

3. 由 PDM 转换生成面向对象模型

除了用户自己设计面向对象模型（OOM），若有定义好的 CDM 或 PDM，可以直接把 CDM 或 PDM 转换为面向对象模型（OOM）。面向对象模型（OOM）可以生成相应的源代码，从而为应用程序开发奠定基础。

由 PDM 转换生成 OOM 的步骤如下：

<1> 在 PDM 中，选择"Tools→Generate Object-Oriented Model"菜单命令，打开"OOM 生成选项"设置窗口，如图 3-59 所示。

其中各项的含义如下："Object language"选择要生成哪种专用语言类型的类模板；"Name"为模型名称；"Code"为模型代码。

<2> 在图 3-59 中选择"Detail"选项卡，进行面向对象模型的细节属性设置，如图 3-60 所示。

<3> 在图 3-60 中选择"Selection"选项卡，选择物理数据模型中已定义的表，如图 3-61 所示。

<4> 选择完毕，单击"确定"按钮，开始生成面向对象模型。完成后如图 3-62 所示。

到此为止，PowerDesigner 介绍完毕。剩下的问题是读者亲自动手，利用 PowerDesigner 工具，设计出某个系统的概念数据模型（CDM）和物理数据模（PDM），并且建表、建索引、建触发器、建存储过程。

对任何 CASE 工具，只有我们熟练地运用它，才能深刻地理解它。

图 3-59 "OOM 生成选项"设置窗口

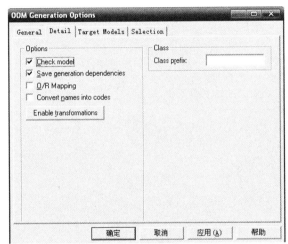

图 3-60 "Detail"选项卡

图 3-61 "Selection"选项卡

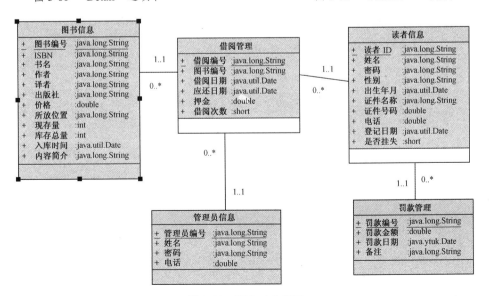

图 3-62 面向对象模型

思考题 3

3.1 PowerDesigner 的理论基础是数据库设计规范化理论，或者说是"四个原子化"理论。为什么？

3.2 PowerDesigner 只是个建模工具，或者只是一种建模语言。为什么？

3.3 因为 PowerDesigner 只是个建模工具，所以建模能否成功，关键是您是否懂得数据库需求分析与设计。为什么？

3.4 PowerDesigner 只是一种建模语言，关键是您心中是否有一个 E-R 图。为什么？

3.5 先要有个 E-R 图，然后才能用 PowerDesigner 设计数据模型。对吗？为什么？

3.6 会使用 PowerDesigner 的人不一定是数据库建模专家，如同会写中文的人不一定是作家一样。对吗？为什么？

3.7 通过使用 PowerDesigner，您有什么收获？

第4章 软件开发与 UML 建模

本章导读

本章以通俗易懂的风格,深入浅出地论述软件开发中的 UML(Unified Modeling Language)建模行为,特别是需求分析、架构设计（概念设计）、详细设计中的 UML,引导读者从神秘莫测的建模中解放出来,使 UML 成为软件开发的强大生产力。

因为 UML 只是一种图形化建模工具,而不是一种建模方法,所以软件开发与 UML 建模的总体思路是:软件开发者在了解 UML 的用例图、类图、对象图、状态图、活动图、顺序图、协作图、构件图、部署图等常用图的基础上,明确自己在需求分析、架构设计、详细设计中,需要建立什么模型、建多少个模型,以及在每个模型中需要使用哪几个常用图。也就是说,在开发者与 UML 这对矛盾中,开发者始终是矛盾的主导方面,始终是主动的参与者,始终是牵着 UML 的鼻子走,而不是相反。

由于 UML 只是一种图形化建模工具,其表达与描述能力有时显得不足,此时必须借助描述模板,包括:用例图描述模板、类图描述模板、状态图描述模板、活动图描述模板、顺序图描述模板、协作图描述模板、构件图描述模板、部署图描述模板。"一个好汉三个帮",这样才能彻底说明 UML 建模的方方面面,使软件需求者、设计者、编程者心中明明白白、清清楚楚。本章的主要内容是:需求分析与 UML 建模,软件设计与 UML 建模。

表 4-1 列出了读者在本章学习中要了解、理解和掌握的主要内容。

表 4-1　本章要求

要　求	具体内容
了　解	（1）UML 的宏观知识及微观细节,做到心中有全局、手中有典型 （2）常用的图形,即用例图、类图、顺序图、状态图、活动图、部件图和部署图
理　解	（1）UML 不是一种建模方法论,只是一种建模工具,开发者需要自己决定什么时候建模、建多少个模型 （2）UML 不是唯一的建模工具,其他建模工具具有 PowerDesigner、ERWin、Oracle Designer、Visio 和 ProcessOn
掌　握	（1）用例图、类图、顺序图、活动图的特性和用法 （2）在三层结构背景下,以浏览层、业务层、数据层对应的三个模型——功能模型、业务模型、数据模型作为建模方法论,来说明面向对象方法设计与实现的步骤

4.1　需求分析与 UML 建模

UML 是由 IBM Rational 公司（IBM 已经收购了 Rational 公司）三位世界级面向对象专家 Grady Booch、Ivar Jacobson 和 Jim Rumbaugh，通过对早期面向对象研究的设计方法进一步扩展而得来的，为可视化建模技术奠定了坚实的理论基础。

学会需求分析与 UML 建模，第一是弄清楚 UML 有哪些图，第二是知道在需求分析中要建立哪几种图，即建立什么样的需求模型。

① 类图（Class Diagram）：展现了一组对象（类）、接口、协作和它们之间的关系。类图描述的是一种静态关系，在系统的整个生命周期都是有效的，是建立需求模型中最常用的图。

② 对象图（Object Diagram）：展现了一组对象及其之间的关系。对象图是类图的实例，它是类图的动态存在方式。因此，对象图的地位和作用正日益降低，甚至有可能从 UML 中消失。可以说，对象图是 UML 中最不重要的图，读者对它可以完全忽视。

③ 用例图（Usecase Diagram）：展现了一组用例、参与者（actor）及其之间的关系。用例图是从用户角度描述系统的静态使用情况，用于建立需求模型。可以说，类图和用例图是 UML 建立需求模型最重要的两种图。

④ 交互图（Interaction Diagram）：又分为顺序图和协作图，用于描述对象间的交互关系，由一组对象和它们之间的关系组成，包含它们之间可能传递的消息。顺序图描述了以时间顺序组织的对象之间的交互活动，又称为时序图；协作图描述了收发消息的对象之间结构组织。

⑤ 状态图（State Diagram）：由状态、转换、事件和活动组成，描述类的对象所有可能的状态以及事件发生时的转移条件。状态图是类图的补充，仅需为那些有多个状态的、行为随外界环境而改变的类，画出其状态图。

⑥ 活动图（Active Diagram）：一种特殊的状态图，展现了系统内一个活动到另一个活动的流程，有利于识别并行活动。

⑦ 组件图（Component Diagram）：又称构件图，展现了一组组件的物理结构和组件之间的依赖关系。

⑧ 部署图（Deployment Diagram）：展现了处理节点以及其中的组件的配置，有助于分析和理解组件之间的相互影响程度。部署图给出了系统的体系结构和静态实施视图，与组件图相关，通常一个节点包含一个或多个组件。

面向对象方法是需求分析的主要方法。UML 是图形化语言，既适合需求分析，又适合概念设计和详细设计。其中的用例图、类图特别适合需求描述。

下面详细、深入地说明几种图。在软件需求分析中，重点是用例图和类图，只要抓住了这两种图，需求分析和 UML 建模问题就迎刃而解了。

1．用例图

在 UML 中，用例图用于定义系统的功能模型，展示角色（系统的外部实体，即参与者）与用例（系统执行的服务）之间的相互作用。用例图是需求和系统行为设计的高层模型，以图形化的方式描述外部实体对系统功能的感知。用例图从用户的角度来组织需求，每个用例描述一个特定的功能，图例符号说明如表 4-2 所示。

表 4-2　用例图符号说明

名 称	图 例	说 明
角色 （actor）	角色名称	代表与系统交互的实体。角色可以是用户、其他系统或者硬件设备，在用例图中用小人表示。在图 4-1 和图 4-2 中，"图书管理员""读者"和"系统管理员"是与系统进行交互的角色
用例 （use case）	用例名称	定义系统执行的一系列活动，产生一个对特定角色可观测的结果。在用例图中，用例用椭圆表示。"一系列的活动"可以是系统执行的功能、数学计算，或其他产生一个结果的内部过程。活动是原子性的，即要么完整地执行，要么全不执行。活动的原子性可以决定用例的粒度。用例必须向角色提供反馈。在图 4-1 和图 4-2 中，"用户管理""图书管理""借还登记"等表示用例
关联 （association）	——————	表示用户和用例之间的交互关系，用实线表示
依赖 （dependence）	<<原型>> — — — ≻	用例与用例之间的依赖关系，用带箭头的虚线表示。用例之间的依赖关系可以用原型进行语义扩展，如<<include>>和<<access>>等

　　用例模型可以在不同层次上建立，从而具有不同的粒度。图 4-1 是"图书馆信息系统"顶层的用例图，可根据需要进行分解。图 4-2 是"图书馆信息系统"对"借还登记"用例进行分解的底层用例图。

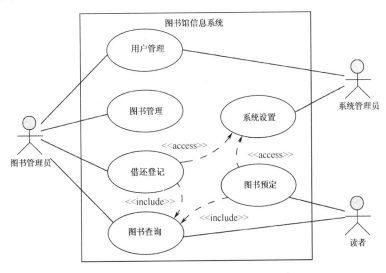

图 4-1　"图书馆信息系统"的顶层用例图

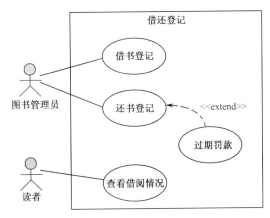

图 4-2　"图书馆信息系统"的"借还登记"底层用例图

用例模型除了绘制用例图，还要对用例进行描述。用例描述可以是文字性的，或用活动图说明。文字性的用例"描述模板"如图 4-3 所示。以"借书登记"为例，其具体的用例描述模板如图 4-4 所示。

用例编号：（用例编号）
用例名称：（用例名称）
用例描述：（用例描述）
前置条件：（描述用例执行前必须满足的条件）
后置条件：（描述用例执行结束后将执行的内容）
活动步骤：（描述常规条件下，系统执行的步骤）
    1．步骤 1…
    2．步骤 2…
    3．步骤 3…
    …
扩展点：（描述其他情况下，系统执行的步骤）
    2a．扩展步骤 2a…
        2a1．扩展步骤 2a1…
异常处理：（描述在异常情况下可能出现的场景）

图 4-3　用例描述模板

用例编号：3.1
用例名称：借书登记
用例描述：图书管理员对读者借阅的图书进行登记。读者借阅图书的数量不能超过
          规定的数量。如果读者有过期未还的图书，不能借阅新图书。
前置条件：读者请求借阅登记。
后置条件：读者取得借阅的图书。
活动步骤：
    1．读者请求借阅图书。
    2．检查读者的状态。
    3．检查图书的状态。
    4．标记图书为借出状态。
    5．读者获取图书。
扩展点：
    2a．如果用户借阅数量超过规定数量，或者有逾期未还的图书，则用例终止。
    3a．如果借阅的图书不存在，则用例终止。
异常处理：
无

图 4-4　"借书登记"用例描述模板

由图 4-3 和图 4-4 可见，描述模板起了很大作用，它使软件需求者、软件设计者、软件编程者更详细地了解系统。所以，用例描述模板是一个很好的帮手，一旦发现 UML 的图描述不清楚，就要立刻请它来帮忙。

图 4-5 是"网上书城"系统主要用例图示例。

2．类图

由用例图 4-5 可以画出类图，如图 4-6 所示。类图描述系统的静态结构，有点像数据库设计中建立数据模型的 E-R 图。

由类图可以画出概念数据模型 E-R 图，如图 4-7 所示。图中的 5 个实体就是表 4-3 中最后 5 行的 5 个数据库访问对象。因为这 5 个数据库访问对象是持久型数据对象，所以要用关系数

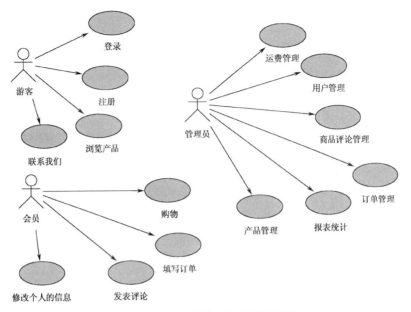

图 4-5 "网上书城"的主要用例图

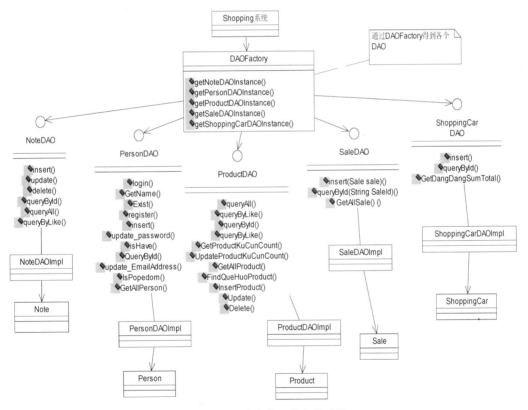

图 4-6 "网上书城"的主要类图

表 4-3 类图中的内容详细说明

数据库数据对象	详 细 说 明
DAOFactory	DAO 工厂（负责创建各种 DAO）
NoteDAO	商品评论 DAO
PersonDAO	用户 DAO

数据库数据对象	详 细 说 明
ProductDAO	产品 DAO
SaleDAO	订单 DAO
ShoppingCarDAO	购物车 DAO
NoteDAOImpl	NoteDAO 的实现类
PersonDAOImpl	PersonDAO 的实现类
ProductDAOImpl	ProductDAO 的实现类
SaleDAOImpl	SaleDAO 的实现类
ShoppingCarDAOImpl	ShoppingCarDAO 的实现类
Note	商品评论实体，对应数据库设计中的商品评论表 Note
Person	用户实体，对应数据库设计中的用户表 Person
Product	产品实体，对应数据库设计中的产品表 Product
Sale	订单实体，对应数据库设计中的订单表 Sale
ShoppingCar	订单明细实体，对应数据库设计中的订单明细表 ShoppingCar

据库的 5 张表来长久地保存这 5 个对象中的数据。由此可见，类图与 E-R 图（或概念数据模型 CDM）之间的关系是通过持久型数据对象而链接起来的。或者说，类图中的持久型数据对象就是 E-R 图中的实体。

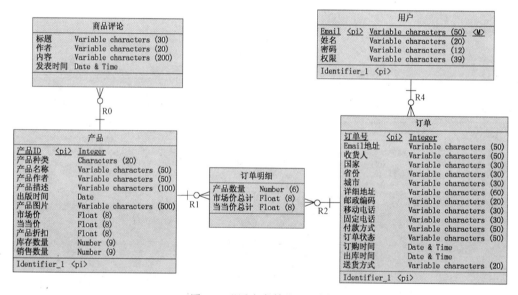

图 4-7 "网上书城" E-R 图

数据库设计的关键技术是建立"网上书城"的概念数据模型 CDM，即 E-R 图，我们要特别关注"产品"实体与"订单"实体之间的多对多联系，以及这个多对多联系是怎样通过"订单明细"这个强实体插足而解决的。

为了全面而准确地说明用户需求，有时需要利用顺序图和活动图。顺序图又称为时序图，用于显示对象之间发送的消息的时间顺序。活动图用于描述系统行为。在需求阶段，可以配合用例图说明复杂的交互过程。

关于顺序图和活动的详细内容将在 4.2 节中说明。因为在面向对象中的需求分析建模、概念设计建模、详细设计建模三个阶段，往往是循环迭代、精益求精、不断地进行的，它们三者之间并没有明显的界线与区别。所以，顺序图和活动图的详细内容放在软件设计和 UML 建模中讲述是非常自然的。

在需求分析和 UML 建模中，开发者要以用例图和类图为中心，以顺序图和活动图为两个基本点，再加上适当的描述模板作为补充，就能做到万无一失了。这句话既是需求分析和 UML 建模的指导思想，又是需求分析与 UML 建模的全部内容。

用例图和类图在宏观上描述了需求分析的功能模型。顺序图和活动图对功能模型进一步细化。用例描述模板和类图描述模板，对功能模型进一步进行文字说明。这三方面协同，从而给出了完整的功能模型。由此可见，在需求分析与软件设计中，建立功能模型、业务模型、数据模型是建模方法论，而 UML 的用例图、类图、顺序图、活动图、描述模板等不是建模方法论，而是建模的描述工具。这就是方法论与描述工具之间的关系。

UML 中还有一些视图和规则也可以用在需求分析中。如果读者感兴趣，请参考相关文献。

4.2　软件设计与 UML 建模

面向对象设计是当前及今后很长时间内的主要设计方法，人们已对这种方法高度重视，精心研究。当对象、类、构件、组件、部件等概念出现后，传统意义上的软件概要设计（又称为软件总体设计或软件系统设计）逐渐改名为软件架构设计。所以，架构设计就是面向对象中的概要设计，架构中的部件就是模块，而部件实现设计就是面向对象中的详细设计。

UML 提供了描述软件系统的图形和语法，既是面向对象需求分析的描述工具，又是面向对象架构设计的描述工具，更是面向对象详细设计的描述工具。UML 使软件开发三个重要阶段的描述工具统一起来，而且实现了平滑过渡和无缝连接，形成了一个从需求到设计的一体化流程，使这三个阶段之间没有明显的界线。这就为面向对象的软件开发环境 Rational ROSE 的产生和实现，以及与之配套的迭代模型 RUP 的产生和实现，提供了可靠的理论基础和实施依据，进而对软件工程的发展产生了重大影响。

但是，UML 只是一种面向对象建模的图形语言，它本身不是模型，不是过程，不是元数据，更不是方法论。因此，在讨论面向对象设计时，尤其在讨论面向对象设计的步骤时，千万不要将 UML 视为一种模型或建模方法论，而要将它视为一种建模工具或建模方法论工具。也就是说，在面向对象设计时，首先要解决两个问题：

❖　在设计中，决定建立哪几个具体的模型？

❖　决定在 UML 中挑选哪几种图形语言来描述这几个模型？

UML 并不难，难的是在什么时候去建立什么样的模型。只有这样，你才能决定具体的设计步骤，以及在每个步骤中使用 UML 中的哪几种图形工具来描述模型。

本节从另一个角度来介绍 UML 中的几种常用图形的分类方法，然后介绍面向对象设计中需要建立哪几个种模型，最后介绍面向对象设计的具体步骤。

UML 是目前最常用的一种面向对象建模语言，常用的图形包括用例图、类图、顺序图、状态图、活动图、部件图和部署图，分别用于不同的建模用途。另外，虽然 UML 不包括界面图，但界面图对界面设计很重要，所以这里也加以介绍，这样共 8 种图，分为如下两大类。

（1）第一大类：系统静态建模图（结构图）

① 类图：可以将一组类及类之间的关系表示出来，通常分为逻辑类和实现类。在项目的

不同开发阶段，应该使用不同的观点来画类图。如果处于分析阶段，则应该画出概念层面的类图。当开始着手软件设计时，则应该画出说明层面的类图。当针对某个特定的技术实现时，则应该画出实现层的类图。

② 部件图，又称为组件图，以可视化方式提供系统的物理视图，显示系统中组件的依赖关系。部件图提供了将要建立的系统的高层次的架构视图，帮助开发者开始建立实现的路标，并决定任务分配。系统管理员会发现，部件图是有用的，因为他们可以获得将运行于系统的逻辑软件组件的早期视图。虽然系统管理员无法从部件图上确定物理设备或物理的可执行程序，但是他们仍然钟情于部件图，因为它较早地提供了关于组件及其关系的信息。

③ 部署图，显示系统如何物理部署到硬件环境中，是节点和连线的集合。部署图显示了系统的硬件、安装在硬件上的软件，以及用于连接异构机器的中间件。

④ 界面图，专门用于屏幕界面的设计。

（2）第二大类：系统动态建模图（行为图）

① 用例图，描述系统的功能单元，以图形化方式表示系统内部的用例、系统外部的参考者，以及它们之间的交互。用例建模可分为用例图和用例描述。

用例图由参与者（Actor）、用例（Use Case）、系统边界、箭头组成，用画图的方法来完成。用例描述用来详细描述用例图中每个用例，用文本文档来完成。

② 顺序图，强调时间顺序，显示特定用例的详细流程。顺序图有两个维度：垂直方向是以时间顺序显示消息/调用序列，水平方向显示消息发送到的对象实例。

顺序图的主要用途之一，是把用例表达的需求转化为进一步、更加正式的层次精细表达。用例常常被细化为一个或者更多的顺序图。

顺序图的主要目的是定义事件序列，产生一些希望的输出。这里的重点不是消息本身，而是消息产生的顺序。

③ 状态图，描述系统动态特征，包括状态、转换、事件及活动等。

④ 活动图，描述系统在处理某项活动时两个或多个对象之间的活动流程。

在系统分析阶段，一般有用例图、状态图、类图、活动图、顺序图等，但主要是用例图。

在系统设计阶段，一般有类图、活动图、状态图、顺序图、部件图、部署图等，但主要是类图和顺序图。在面向对象方法中，从某种意义上说，设计阶段与需求阶段是捆绑在一起的。下面分别介绍这 8 种图的使用方法。

1．用例图的使用方法

因为在需求分析描述工具中对用例图的使用方法已经介绍，所以在此不再论述。但是要特别注意，用例和用例图是两个概念，它们既有联系，又有区别。用例一般用文本详细描述（也可以用活动图进行说明），而用例图用图形来表示。

另外，软件系统测试计划、用户验收测试计划都是根据用例图设计的。

2．类图的使用方法

类图是系统的静态设计视图，描述包、接口、类以及它们之间的关系。类是面向对象设计的主要构建模块，类和类之间的关系形成了面向对象模型的基本结构。一个类定义应用程序中的一个概念，如实物（图书）、业务对象（借阅记录）、业务逻辑或行为。类实际上是对象的模板，是对象的"型"，而对象是类的实例，是类的"值"。面向对象的需求分析、设计与编程都是面向"类"的，只有程序运行时才是面向"对象"的。只有懂得"型"与"值"的关系，才能真正懂得面对象方法。类中定义了属性和操作，如表4-4所示。

表4-4 类图的说明

名 称	图 例	说 明
类 （class）	类名 − 属性 + 操作()	类是对具有类似结构和行为的对象集合的描述，这些对象共享相同的属性、操作和语义。类用方框表示，分为三部分：依次为类名、属性、操作。 属性：类的命名属性描述类的特征。 操作：类的可执行接口
接口 （interface）	○─ 接口 + 属性 + 操作()	接口用于定义行为的规格说明，一个类可以实现多个接口。 属性：接口的属性通常是命名常量。 操作：指定操作的签名，但没有实现
关联 （association）	———————	关联表示类和类之间、类和接口之间的结构关系。关联上可以标注关联名称、类的角色
聚合 （aggregation）	◇———→	聚合是关联的一种特殊形式，表示一个元素（整体）由其他元素（部分）组成。聚合关系常称为"has-a"关系
组合 （composition）	◆———→	组合是聚合的一种特殊形式，也反映了整体和部分的关系。区别是部分只有在整体存在的情况下才有意义，即由整体负责部分的创建和销毁
派生 （generalization）	———▷	派生表示通用元素（父类）和特殊元素（子类）之间的关系。子类继承父类全部的属性和操作，并提供额外的属性和操作
实现 （realization）	- - - -▷	实现表示类和接口之间的关系。一个类可以实现多个接口中规定的操作

【例4-1】 "图书馆信息系统"的用户管理类图，如图4-8所示。

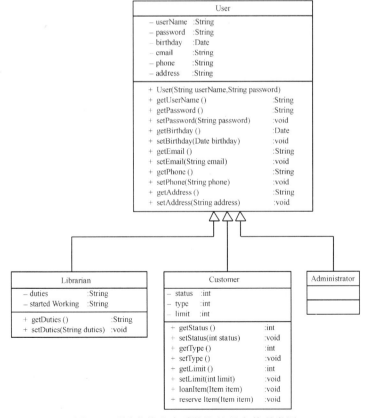

图4-8 "图书馆信息系统"的用户管理类图

类图是类之间关系的具体描述,是数据库模型设计的基础。

3.顺序图的使用方法

顺序图是系统的动态视图,表示系统基于时间序列的操作。顺序图中可以包含与系统交互的角色。顺序图以一个二维视图展现交互过程,垂直方向上是时间轴,水平方向上是参与交互的对象或角色。

顺序图是类图的补充,类图是系统的静态视图,顺序图反映了系统的动态视图。通常先绘制用例图,再根据用例图中涉及的实体绘制类图,然后绘制顺序图来展现用例的交互过程。顺序图的图标说明如表 4-5 所示。

表 4-5　顺序图的图标说明

名　称	图　例	说　明
角色 (actor)	角色	表示与系统进行交互的角色。这里的角色与用例图中的角色一致,表示外部用户或用户集合。角色下面的生命线表示角色的生命周期。如果角色是一次交互的发起者,应该画在顺序图的最左边。如果有多个角色,通常画在最左边和最右边,体现出角色是系统的外部实体
对象 (object)	对象:类	对象是类的一个实例。对象下面的虚线是该对象的生命线,时间沿生命线向下延伸。如果图中显示对象的创建和销毁,那么生命线将与之相对应
消息 (message)	消息	消息表示对象间的通信,消息传递信息并引发相应的活动。消息有一个发送者、一个接收者和一个动作。发送者是发送消息的对象或角色。接收者是接收消息的对象或角色。矩形框表示消息接收时执行动作的激活状态

【例 4-2】　"用户预定图书"的顺序图,如图 4-9 所示。

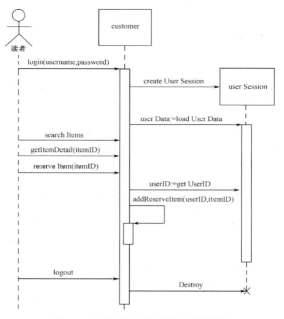

图 4-9　"用户预定图书"的顺序图

由此可见,顺序图是业务模型的具体描述,是功能模型的详细解释。

4．状态图的使用方法

状态图是状态机图形化的表现，用于描述用例、部件或类的行为。状态图对实体的有限状态、事件和状态间的转换进行建模。状态图的图标说明如表 4-6 所示。

表 4-6　状态图的图标说明

名　称	图　例	说　明
开始 （start）	●	表示状态图过程的开始，用实心圆表示。一个状态图中只能包含一个开始符
状态 （state）	状态 事件()/动作	表示实体在生命周期中所处的状态。稳定性和持续性是状态的两个特征。当某个内部事件发生时将触发相应的动作，事件不引起状态的转换
转换 （transition）	事件[条件]/动作 →	转换是状态间的有向连接，表示当某个事件发生时，实体从一个状态转换到另一个状态。如果指定了动作，状态转换时将执行指定的动作
结束 （end）	◉	表示流程的结束。在一个状态图中可以有零或多个结束符

【例 4-3】　"图书馆信息系统"中"图书"的状态图，如图 4-10 所示。

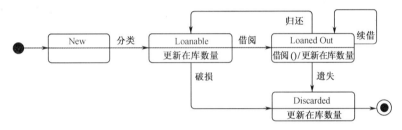

图 4-10　"图书馆信息系统"中"图书"的状态图

由此可见，状态图是业务模型的具体描述，是功能模型的详细解释。

5．活动图的使用方法

在程序设计过程中曾使用流程图来表达程序执行过程中的每个步骤。程序流程图对于程序设计者和程序阅读者都具有很强的可读性。在 UML 中，活动图类似流程图，描述了执行某个功能的活动。使用活动图来描述用例比用例规约更直观。

一个活动图只能包含一个开始点，可以有多个结束点，开始点、活动、结束点之间通过转换连接，如表 4-7 所示。作为活动图的例子，图 4-11 表示一个"订单处理"的活动图。图 4-12 是带泳道的活动图，描述"还书登记"用例。

表 4-7　活动图的图标说明

名　称	图　例	说　明
开始 （start）	●	表示流程的开始，用实心的圆表示。一个活动图中只包含一个开始点
活动 （activity）	活动名称	活动表示人工的或自动化的动作，用长圆表示。当活动获得控制权时，执行相应的动作，并根据执行结果选择控制流转换到其他活动
转换 （transition）	[是] →	转换是活动间带箭头的连线，表示从一个活动转换到另一个活动。转换可以标识条件，放在方括号中，表示只有条件满足时，才执行该转换
判断 （decision）	◇ 判断条件	判断用于对多个转换进行选择，用菱形表示。判断可以有多个输入转换和多个输出转换，每个输出转换标识排他的条件。判断可以表示 if-else、switch-case、do-while、for-next 等复杂控制流
同步 （synchronization）	▬	表示两个或多个并发活动间的同步，用粗实线表示

名　称	图　例	说　明
泳道 （swimline）	参与者	泳道用于表示参与者，可以代表一个组织、系统、服务、用户或角色。与参与者相关的活动在泳道中画出
结束 （end）	◉	表示流程的结束，以实心圆加上空心圆表示。一个活动图中可以有零个或多个结束点

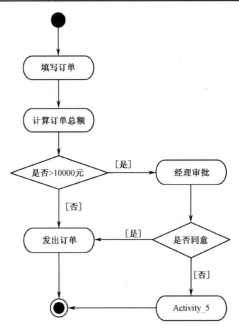

图 4-11　"订单处理"的活动图

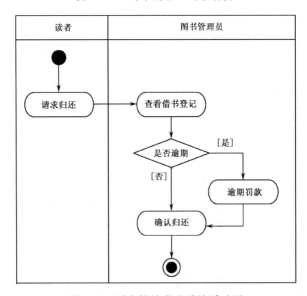

图 4-12　图书馆的带泳道的活动图

【例 4-4】　信息系统中的"修改密码"活动图如图 4-13 所示，是以另一种风格呈现的，但基本意思是相通的。

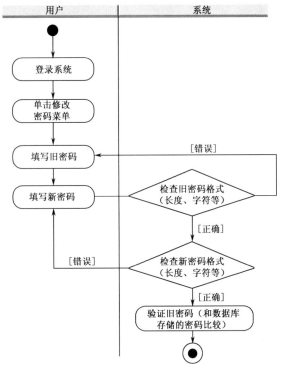

图 4-13 "修改密码"活动图

　　将活动图的活动状态分组，每组表示负责哪些活动的业务组织。在活动图中，泳道区分了谁（Who）或者什么（What）执行哪些活动和状态职责。图 4-13 有两个泳道，左边为第一泳道，右边为第二泳道。由此可见，活动图是业务模型的具体描述，是功能模型的详细解释。

6．部件图的使用方法

　　部件图是系统的静态视图，比类图在更高层次上体现了系统中部件、部件接口及部件间的关系，如表 4-8 所示。用户可以使用部件图对软件的结构、源代码与可执行部件之间的依赖关系进行建模，从而可以对变更的影响进行评估。

表 4-8　部件图的图标说明

名　称	图　例	说　明
部件 （component）	部件名称	部件是系统中物理的、可替换的部分，其中封装了对接口集合的实现，可以表示系统实现的物理部分，如软件代码（源代码、二进制代码或可执行程序）、脚本或命令文件，是软件开发的一个独立的部分，不依赖特定的应用程序
接口 （interface）	──○	每个部件具有一个或多个接口，接口是对其他部件或类可见的入口点和服务

　【例 4-5】　"图书馆信息系统"的部件图，如图 4-14 所示。

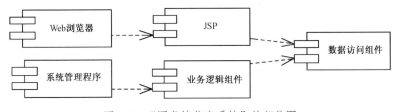

图 4-14　"图书馆信息系统"的部件图

7. 部署图的使用方法

部署图表示运行时处理元素（节点）的物理配置情况。部署图的图标说明如表 4-8 所示，节点包含了部件的实例，这些部件的实例将被部署在数据库服务器、应用服务器或 Web 服务器上。部署图还反映出节点间的物理连接及通信情况，对系统的网络拓扑结构进行了设计。

表 4-8　部署图的图标说明

名　称	图　例	说　明
节点 （node）	节点	节点描述系统中部件的物理配置情况，包含布置于数据库服务器、应用服务器和 Web 服务器的部件的实例
部件 （component）	部件名称	与部件图中的部件相同，将被部署到相应的节点上

【例 4-11】 "图书馆信息系统"的部署图，如图 4-15 所示。

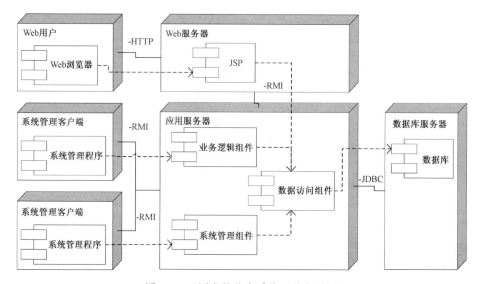

图 4-15　"图书馆信息系统"的部署图

熟悉并掌握了 UML 中的用例图、类图、顺序图、状态图、活动图、部件图和部署图后，面向对象详细设计就能顺利实现。

8. 界面图的使用方法

UML 中没有界面图，所以界面设计不属于 UML 的范畴。此处讲述的界面图设计主要指 B/S 架构中的浏览层上用户的操作界面设计，就是将各种控件按照用户的习惯与软件企业的风格，整齐、简洁、合理地分布到屏幕界面上，如图 4-16 所示。

因为 UML 对界面建模支持不够，所以使用图表绘制软件 Visio 建立界面图的原型，产生浏览层界面模型。Visio 的模具中提供了 Windows 界面元素和各种标注元素，能够使用户方便地建立 Windows 用户界面模型。另外，Visio 提供比较好的发布功能，可以将 Visio 文档发布为网页格式。

读者类别：txt 读者类别					

读者类别：txt 读者类别
可借阅数量：txt 可借阅数量　　　　　　　　　　　　　　【保存】（cmdsave）
可借阅天数：txt 可借阅天数　　　　　　　　　　　　　　【清空】（cmdclean）
可续借次数：txt 可续借次数　　　　　　　　　　　　　　【修改】（cmdmodify）
逾期后缓冲天数：txt 逾期后缓冲天数　　　　　　　　　【删除】（cmddel）
逾期后每天罚款金额：txt 罚款金额　　　　　　　　　　【退出】（cmdexit）

读者类别	可借阅数量	可借阅天数	可续借次数	逾期后缓冲天数	逾期后每天罚款金额

图 4-16　"图书馆信息系统"的读者信息界面设计

9．软件设计与 UML 建模的指导思想及具体做法

下面讨论软件设计与 UML 建模的指导思想及具体做法。

B/A/S 三层结构就是"浏览层/应用层/数据层"三层结构。在浏览层上建立功能模型，在应用层上建立业务模型，在数据层上建立数据模型，即功能模型运行在浏览层上，业务模型运行在应用层上，数据模型运行在数据层上。这样，UML 建模的指导思想如下：

❖ 由界面图、用例图、类图、活动图、时序图来描述浏览层的功能模型。

❖ 由用例图、时序图、交互图、状态图、活动图来描述应用层的业务模型。并且，时序图在表述中起到核心作用。

❖ 数据层的数据模型，主要采用"类图"来描述，有时还需要用 E-R 图来帮忙。

这种表述一定要达到清清楚楚、明明白白为止，反之就增强 UML 各种图的表述力度，并且可用用例图描述模板、类图描述模板、状态图描述模板、活动图描述模板、顺序图描述模板、协作图描述模板、构件图描述模板、部署图描述模板进一步说明。这样迭代循环，直到同行评审通过，各种"不符合项"为零。

由于在面向对象中，需求分析、架构设计（概要设计）、详细设计（部件实现设计）三个阶段使用的描述工具都是 UML，因此考虑面向对象设计的步骤或过程就要将面向对象的需求分析、架构设计、详细设计融为一个整体，捆绑在一起考虑。事实上，这个过程是连续的、互相联系的、互相渗透的、反复迭代循环的、逐步细化的。应该说，上述三步的每一步与下一步之间不存在明显的鸿沟与界线，这也是面向对象设计与面向过程设计的区别之一。

在三层结构背景下，以浏览层/业务层/数据层对应的功能模型、业务模型、数据模型作为建模方法论，来说明面向对象方法设计和实现的步骤，如图 4-17 所示。这个图简单，但是得来十分不易。作者在 2008 年，以 UML 和 Visio 作为建模工具，绘制了这个图，并且在互联网上，与五位博士生反复讨论和推敲，最后才得到这个结果。历史与时间证明，这是业界率先提出的面向对象设计与实现的具体步骤。

下面讨论和解释这个面向对象设计与实现的步骤。

1．需求分析，建立系统初步的功能模型、业务模型和数据模型

<1> 将一个较大而复杂的软件系统，划分为几个较小而简单的子系统。每个子系统使用用例图建立系统的功能模型。

<2> 在建立子系统的功能模型时，顶层功能模型的粒度粗一些，给出子系统的概况功能，

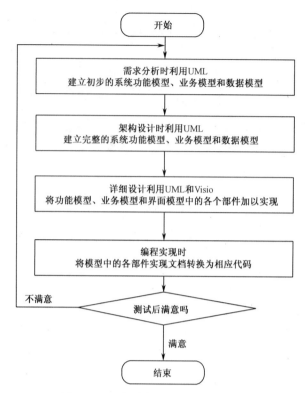

图 4-17 面向对象设计与实现的步骤

低层功能模型的粒度细一些，使其功能不可再分解。用例描述的方法是用例规约，用详尽的文字描述用例的执行流程。用例图和用例文档是需求分析的主要产品，今后的设计、实现和测试都将围绕这两个产品进行。

<3> 用活动图、状态图和顺序图建立子系统的业务模型。业务模型也可以分层建立，顶层的粒度大，低层的粒度小。

<4> 用类图建立子系统的数据模型。一般，不主张将数据模型分层建立，因为分层的数据模型不利于数据的系统集成。

<5> 对产生的各子系统的功能模型、业务模型和数据模型，进行分析和评审，若评审通过，则需求分析结束；反之，重复执行上述<1>～<5>步。

下面介绍寻找对象及类的方法。仔细阅读需求陈述，并逐一标出每个名词（或名词短语），然后对所有标出的词汇进行筛选，舍去与软件系统目标无关或已有相同含义的多余同义词。如果这个名词符合下列 5 条规则，那么它就是一个对象集合（或类）：

① 这个名词的信息需要被记忆，否则系统无法正常地工作。

② 这个名词应该具有一组确定的操作，否则它无法改变自己及系统的状态。

③ 能够定义一组适用于这个名词所有实例的公共属性。

④ 能够定义一组适用于这个名词所有实例的公共操作。

⑤ 这个名词属于基本需求的内容。

2. 架构设计，建立系统完整的功能模型、业务模型和数据模型

在架构设计阶段，按照需求分析划分的子系统，进一步精化子系统的功能模型、业务模型和数据模型。应保持各子系统的相对独立，减少彼此间的依赖性，并使子系统应该具有良

好的接口定义，通过接口与系统的其余部分进行通信。

对每个子系统，若架构不能一步实现，就先设计该子系统的顶层架构，再设计底层架构，即系统架构分层实现，形成一个较好的分层体系架构，做到在每层架构中都有自己相应的功能模型和业务模型。但是，每个子系统的各层架构共享该子系统的数据模型。

将底层架构中的内容进行精化并分类整理，逐步归为部件，标明每个部件的名称、属性、方法，以及部件之间的接口。这些部件的名称、属性、方法和接口都与该层中的功能模型、业务模型和数据模型息息相关。

分析并评审各子系统的功能模型、业务模型和数据模型之间的关系，找到三者之间的不一致性，并修正。分析、评审、修正工作一直持续到三个模型之间互相支持、互不矛盾、天衣无缝为止。至此，架构设计完成。

与此同时，在子系统内部的架构设计中，根据架构设计需要，使用类图，以建立精细的数据模型；使用活动图、状态图和顺序图，以建立精细的业务模型；使用部件图，以建立精细的部件之间接口以及部件间关系模型；使用部署图，以建立精细的运行时处理元素（节点）的物理配置图，使部件的实例被部署在数据库服务器、应用服务器或 Web 服务器。部署图还反映了节点间的物理连接及通信情况，以及系统的网络拓扑结构。

3. 详细设计，将功能模型、业务模型和界面模型中的各部件加以实现

详细设计又称为实现设计，是将功能模型、业务模型和界面模型中的部件，一个接一个地进行实现设计。重点在于为每个部件（或类）的属性和行为做出详细的设计，包括确定每个属性的数据结构和行为操作的实现算法。

每个对象的协议描述和实现描述都要具体明确。协议描述了对象的接口，即定义对象可以接收的消息及对象接收到消息后完成的操作行为。实现描述了对象接收到某个消息后所执行的操作行为的实现细节，包括对象属性的数据结构细节及操作过程细节。

对于数据模型中的类图，除了将其中的 E-R 图转换为持久性的数据库表设计，其他类图不存在转换问题，因为它们是相应类的私有数据结构，即私有属性，只能由该类的方法改变其属性。

详细设计的主要工作是对架构设计中描述功能模型和业务模型的活动图、状态图、顺序图进行加细，直到可以生成程序代码为止。这种加细工作是以架构设计中的部件为单位进行的。而每个部件的描述，根据该部件的特点，可能用到 UML 中的不同图形工具，如活动图、状态图、顺序图、类图等。

对于界面图，先用 Visio 工具设计界面原型，将各种输入、输出、查询、运行屏幕界面绘制出来，并用文本将界面原型上的每个控件或控件组合进行说明，理清这些控件与功能模型和业务模型中的部件之间的关系。

软件建模的作用是将用户的需求平滑地过渡到代码。模型应该可以生成代码，模型也应该与代码保持同步。很多的建模工具都支持将模型转化成代码。使用建模工具的一个好处是，它的正向工程可以产生模型对应的代码，而逆向工程可以根据代码更新模型。

4. 编程实现，将模型中的各部件实现文档转换为相应代码

编程实现就是按照详细设计文档，将功能模型、业务模型、数据模型、界面模型中的部件，用编程语言实现。所以，编程实现就是部件实现。

① 数据模型中的部件，在数据库服务器上运行。

② 业务模型中的部件，在应用服务器上运行。

③ 功能模型中的部件，有些是可见控件，这些可见控件在浏览器上运行。

④ 界面模型中的部件，在浏览器上运行。

Java EE 平台和 .NET 平台是面向对象编程实现的两种主要平台，每个部件的实现方法在详细设计中已经形成实现文档，所以在编程实现时，只要按照部件的实现文档，翻译成源程序即可。后续工作是部件测试（单元测试）、集成测试、系统测试、验收测试。在测试中发现了问题，就要将问题准确定位，进而修改相应的文档与源程序，再进行回归测试。

到此为止，需求分析与 UML 建模、软件设计与 UML 建模，就高屋建瓴地解决了。

最后指出，ProcessOn 是实现 UML 各种图的最佳在线工具。也就是说，利用在线制图 CASE 工具 ProcessOn 进行需求分析和 UML 建模、软件设计和 UML 建模，会省时省力。

思考题 4

4.1 在什么时候建模、建多少个模型，UML 不会提示你，全靠开发者自己决定。您是怎样理解的？

4.2 浏览层、业务层、数据层对应的功能模型、业务模型、数据模型是一种建模方法论。为什么？

4.3 建模方法与建模工具有什么区分？又有什么联系？

4.4 用例图描述模板、类图描述模板、对象图描述模板、状态图描述模板、活动图描述模板、顺序图描述模板、协作图描述模板、构件图描述模板、部署图描述模板在 UML 建模中有什么作用？

4.5 UML 到底有几种图？有时说有 9 种图，有时说有 8 种图，这是为什么？

4.6 本章的需求分析与 UML 建模、软件设计与 UML 建模是否具有中国特色、创新发展？

第 5 章　ProcessOn 建模实践指南

本章导读

PrcessOn 是面向对象分析与设计的建模工具。它是 IT 企业开发以及高校教学常用的 CASE 工具之一，计算机及软件工程专业方向的学生和软件工程师需要掌握它，并解决面向对象分析与设计的建模实际问题。ProcessOn 的理论基础是 UML。

ProcessOn 是面向对象的 CASE 工具，可以先建立模型后编写代码，还可以保证软件开发过程中代码和模型的一致性，从而一开始就保证系统结构的合理性。软件开发团队可以利用 ProcessOn 进行有效的团队交流和开发，及时发现开发过程中的缺陷，避免开发周期中不必要的成本消耗。ProcessOn 包括了统一建模语言（Unified Modeling Language，UML）、面向对象软件工程（Object Oriented Software Engineering，OOSE）和面向对象的建模技术（Object Modeling Technology，OMT）。本章是 ProcessOn 的建模实践指南，先简单介绍 ProcessOn 的可视化，阐明界面中各部分工具的使用方法；再通过网上求职招聘系统的案例分析，将工具使用和建模过程统一起来。

表 5-1 列出了读者在本章学习中要了解、理解和掌握的主要内容。

表 5-1　本章要求

要　求	具 体 内 容
了　解	（1）ProcessOn 的基本功能和特点 （2）ProcessOn 的启动 （3）ProcessOn 的使用 （4）PowerDesigner 的工作界面及图标
理　解	（1）ProcessOn 与 UML 的关系 （2）UML 只是一种可视化建模工具，不是一种建模方法论
掌　握	（1）用 ProcessOn 设计用例模型 （2）用 ProcessOn 设计领域模型 （3）用 ProcessOn 设计类模型和包图 （4）用 ProcessOn 设计系统动态模型 （5）用 ProcessOn 进行数据建模

5.1 ProcessOn 概述

5.1.1 初识 ProcessOn

解决面向对象问题的核心是建模，即建立系统的 ProcessOn 模型。软件系统内部的高内聚、低耦合程度和维护成本是软件设计所关注的问题，ProcessOn 是基于 UML 的，是软件开发过程中不可或缺的一个建模工具。

1．ProcessOn 的主要特点

① 完全免费。

② 使用方便，不需安装。只要有计算机，有浏览器，可以上网即可。

③ 在线编辑内容自动保存在云端，这样使用者就无须处处带着自己的计算机。想编辑云端文件，找一台能上网的计算机即可。

④ 支持多人协作，小组成员可以同时共同编辑同一个文件。

⑤ 可以生成简单、清晰且定制灵活的文档。

⑥ 支持多种关系型数据库的建模。

⑦ 从需求分析到测试，在整个软件生命周期中，都为团队开发提供强有力的支持。

2．ProcessOn 模型

ProcessOn 模型是从不同的角度透视系统的多张视图，包括系统所有的 UML 图，有参与者、用例、对象、类、组件、部署节点等元素，描述了系统包含的细节，以及系统如何工作。因此，开发者可以把 ProcessOn 模型作为目标系统的一张蓝图。蓝图是系统的一个映射，从而让开发人员可以进行各模块的讨论，协调各方面，提高系统的性能和可维护性。如果开发团队已经与客户洽谈且建立了需求文档，进行了系统设计，下一步就可以准备编码。但是，开发者之间没有进行详细的讨论，很难让每个人都知道彼此的设计，以及系统的每个模块到底是什么，或者说系统的总体结构是什么。没有一个得到验证的设计文件就很难确定要建立的系统到底是不是用户所需要的系统，从而团队协作也无法发挥效果。

3．ProcessOn 模型的作用

① 整个开发团队可以使用用例图来获得一个系统高层次的视图，并且可以协商项目的范畴。

② 项目经理可以使用用例图和文档，把项目分解成便于管理的多个模块。

③ 系统分析员和客户在看到用例规格描述文档时，就可以明白系统将提供什么样的功能。

④ 技术编写者在看到用例规格描述（描述模板）文档时，就可以着手编写用户手册和培训计划。

⑤ 系统分析员和软件开发者在看到时序图和协作图时，就可以明白整个系统的逻辑流程、对象以及对象之间的消息。

⑥ 质量检测员可以使用用例文档、时序图、协作图，获得测试脚本所需的信息。

⑦ 软件开发人员使用类图和状态图，可以获得系统模块的详细视图及模块之间的关系。

⑧ 部署人员在使用组件图和部署图时，就可以明白哪些是可执行文件或 DLL 文件，以及其他组件是如何创建的，这些组件该部署在网络中的哪些地方。

⑨ 整个团队使用 ProcessOn 模型，就可以确定从需求到编码的整个过程，并且从编码到需求的逆过程也是可以追踪的。

5.1.2 启动 ProcessOn

ProcessOn 不需安装，只要在浏览器中输入网址 https://www.processon.com/，即可访问其主页，如图 5-1 所示。

图 5-1　ProcessOn 主页

为了便于以后的在线编辑等操作，用户可以先注册一个账号，即单击页面右上角的"注册"按钮，来到注册页面，如图 5-2 所示。

图 5-2　ProcessOn 注册页面

用户可以使用邮箱地址或手机号进行注册，甚至可以使用微信、QQ、新浪微博等社交账号直接登录注册，非常方便。

注册并登录成功后，会直接跳转到个人页面，如图 5-3 所示。

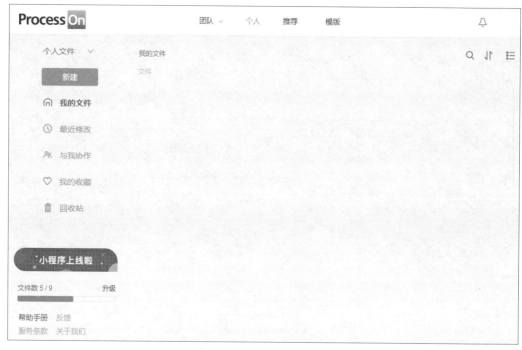

图 5-3　ProcessOn 个人页面

至此，ProcessOn 的注册和登录工作完毕，接下来就可以使用它来建模了。

5.1.3　ProcessOn 的使用

ProcessOn 是菜单驱动式的 CASE 工具，可以通过工具栏使用其常用功能。

ProcessOn 支持 8 种 UML 图：用例图（Use Case Diagram）、活动图（Activity Diagram）、时序图（Sequence Diagram）、协作图（Collaboration Diagram）、类图（Class Diagram）、状态图（Statechart Diagram）、组件图（Component Diagram）、部署图（Deployment Diagram）。

1．ProcessOn 工作界面

ProcessOn 工作界面如图 5-4 所示，包括菜单栏、工具栏、编辑区、导航区、快捷区等。

工具栏：显示有关工具图标。

编辑区：显示和编辑多个 UML 图。

快捷区：提供用于创建 UML 图的各种图形。

导航区：包含导航、图形、度量、数据属性等功能配置。

2．ProcessOn 建模

下面介绍 ProcessOn 模型的创建、保存及下载的一般步骤。

（1）创建模型

登录成功后，在图 5-3 所示的个人中心页面中，单击左上角的"新建"按钮，弹出如图 5-5 所示的对话框，直接选择要画的图的类型。

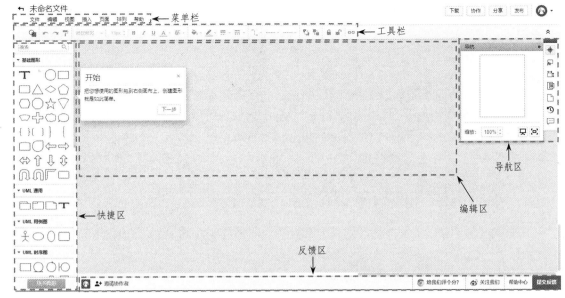

图 5-4　ProcessOn 的工作界面

（2）保存模型

ProcessOn 会自动对用户编辑的模型进行保存，不需用户手动保存。

（3）下载模型

ProcessOn 建立的模型可以下载到本机，以便用户将模型应用于自己的文档。

选择菜单栏的"文件→下载为"菜单命令，弹出如图 5-6 所示的对话框；选择一种文件类型，单击"确定"按钮，ProcessOn 会将编辑好的模型转化成对应的文件格式下载到本地计算机，以便后续使用。

图 5-5　选择模型

图 5-6　选择下载后的文件格式

5.2 用 ProcessOn 设计用例模型

用例模型（Use Case Model）是所有用例、参与者及相关关系的集合，是关于系统功能和环境的模型。一个用例就是系统要实现的一项功能，即描述系统要做什么。用例模型是软件需求分析结果的可视化表示。

参考文献[1]中所讲的业务模型、功能模型、数据模型的建模思想和建模方法论，也可以用建模工具 ProcessOn 来加以实现。

5.2.1 理解用例模型中的元素

使用用例方法来描述系统功能需求的过程就是用例建模，它是实现功能模型建模的主要手段。用例模型主要包括以下两部分内容。

1. 用例图（Use Case Diagram）

确定系统中所包含的参与者、用例和两者之间或其自身的关系，用例图是基于系统要实现的功能的一个可视化描述。

（1）参与者（Actor）

参与者是系统外部的一个实体，是与系统进行交互的任何的事物或者人，它以某种方式参与用例的执行过程。参与者通过向系统输入或向系统发出某种请求来触发系统的执行。参与者通常是以它们在系统中所扮演的角色来命名的，而不是以它们要执行的功能来确定的，否则会产生命名歧义。

在定义用例之前要先确定系统的参与者，下面的问题有助于我们找出系统的参与者：

- ❖ 谁或什么事物使用该系统？
- ❖ 谁来安装系统？
- ❖ 谁来启动和停止系统？
- ❖ 谁来管理系统？
- ❖ 谁来进行用户管理和安全管理？
- ❖ 与该系统交互的是什么系统？
- ❖ 谁提供信息给系统？
- ❖ 谁从系统获取信息？
- ❖ 由于系统对时间进行响应，"时间"是否也是一个参与者？

（2）用例（Use Case）

用例是用来描述参与者使用系统，以达到某个目标时所涉及的一系列的场景的集合。用例的核心并不是上述图标，而是一个规格化的叙述型文档，它描述了参与者要实现某项功能的事件流程，展示和体现了其所描述的过程中的需求情况。用例名称一般以"做什么"即"动宾词组"形式来命名。

在确定系统的参与者后，就要确定参与者要做什么，下面的问题可以帮助我们识别用例：

- ❖ 特定参与者希望系统提供什么功能？

- ❖ 系统是否存储和检索信息，如果是，这个行为由哪个参与者触发？
- ❖ 当系统改变状态时，通知参与者吗？
- ❖ 存在影响系统的外部事件吗？
- ❖ 是哪个参与者通知系统这些事件？

（3）用例和参与者及自身的关系

① 泛化关系（Generalization）

用例之间的泛化关系类似类之间的泛化关系。用例图的泛化关系中，子用例是父用例的具体化，子用例不仅继承了父用例的所有属性和行为，还可以根据具体的情况对继承的行为进行扩展或者创建自己所需要的行为。用例间的泛化关系用带空心箭头的实线表示，箭头的方向由子用例指向父用例，如图 5-7 所示。

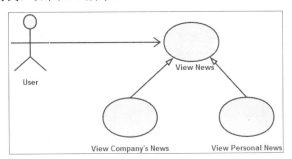

图 5-7　泛化关系

一个用户看网站内的新闻，可以看求职方面的新闻（View Personal News），也可以看招聘方面的新闻（View Company's News），这两个用例都有一个共同点：看新闻（View News）。因此，这两个子用例可以从父用例 View News 中继承行为，还可以添加自己的特别行为。

（2）包含关系（Include）

用例之间的包含关系是指一个用例的执行需要依赖另一个用例的实现。通俗地说，只有在另一个用例成功执行后，该用例才能进行。用例间的包含关系用带箭头的虚线表示，箭头的方向由被包含用例指向包含用例，如图 5-8 所示。

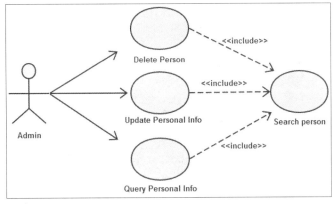

图 5-8　包含关系

管理员（Admin）要删除（Delete Person）、修改（Update Personal Info）或查看求职者的信息（Query Personal Info），都必须先找到这个求职者（Search Person）。执行这 3 个用例都必须先提取执行的用例（Search Person），这就避免了冗余现象的发生。

（3）扩展关系（Extend）

ProcessOn用扩展关系来描述已有用例在执行后期可能产生的新行为，但与Java语言中的extend（类的继承）不同。用例之间的扩展关系用带箭头的虚线表示，箭头的方向由扩展用例指向被扩展用例，如图5-9所示。

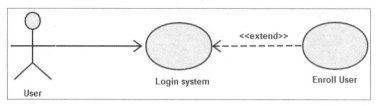

图5-9　扩展关系

用户（User）登录系统（Login System）前，因为没有事先注册（Enroll User），所以还没有成为系统的用户。此时，用户必须先注册（Enroll User），成为系统的用户。这是在登录系统（Login System）用例发生异常时采取的异常处理。

2．用例规约（Use Case Specification）

所谓规约，就是业务规则的规格说明。

每个用例都应该有一个用例规约文档与之对应，以描述该用例的细节内容。

注意：应该避免这样一种误解，认为由参与者和用例构成的用例图就是用例模型！

用例图只是在总体上大致描述了系统所能提供的各种服务，让我们对于系统的功能有一个总体的认识。除此之外，我们还需要描述每个用例的详细信息，这些详细信息包含在用例规约中。由此可见，用例模型是由用例图和每个用例的详细描述（用例规约）组成的。在RUP（Rational Unified Process，软件统一过程）中，它提供了用例规约的模板。

每个用例的用例规约都应该包含以下内容。

① 用例名称（Use Case Name）：一般由"动词+名词"构成，简单说明"做什么"。

② 简要说明（Brief Description）：简要介绍该用例的作用和目的。

③ 前置条件（Previous Condition）：系统在执行该用例前必须处在的状态。

④ 事件流（Flow of Event）：描述该用例所有可能的场景，包括基本流和备选流。

❖ 基本流：描述该用例在正常情况下的场景。

❖ 备选流：描述用例执行过程中的异常情况或突发情况。

⑤ 用例场景（Use Case Scenario）：包括成功场景和失败场景，场景主要由基本流和备选流组合而成。

⑥ 特殊需求（Special Requirement）：描述与该用例相关的非功能性需求（性能、可靠性、可用性和可扩展性等）和涉及约束（所使用的操作系统、开发工具等）。

⑦ 后置条件（Post Condition）：系统在执行该用例后应该处在的状态。

用例规约基本上是用文本方式来表述的，为了更清晰地描述事件流，也可以选择使用状态图、活动图或序列图来辅助说明。只要有助于表达且简洁明了，就可以在用例中任意粘贴用户界面和流程的图形化显示方式，或是其他图形。如活动图有助于描述复杂的决策流程，状态转移图有助于描述与状态相关的系统行为，序列图适合描述基于时间顺序的消息传递。

在后面两节将结合案例进行详细说明。

5.2.2 网上求职招聘系统用例建模案例分析

1. 系统功能需求分析

按照业务模型、功能模型、数据模型的建模方法论，系统功能需求分析就是分析系统的功能模型，并进行功能模型的建模。网上求职招聘系统是为求职者和用人单位提供的一个智能化的人才市场，使得求职者找到满意的工作，用人单位及时找到适合的人才。当访客进入系统时，他们可以根据自己的需求注册为求职者、招聘者或者是管理员。我们根据用户需求，将系统功能划分为 3 个功能模块，这 3 个功能模块的用例分析如下所示。

（1）求职者模块
- ❖ 修改密码。
- ❖ 更新个人资料。
- ❖ 搜索招聘信息。
- ❖ 发布求职意向。
- ❖ 下载简历模板。
- ❖ 投递简历。
- ❖ 查看个人信箱。

（2）招聘者模块
- ❖ 修改密码。
- ❖ 更新企业资料。
- ❖ 发布招聘信息。
- ❖ 搜索人才。
- ❖ 查看企业信箱。

（3）管理员模块
- ❖ 修改密码。
- ❖ 更新个人资料。
- ❖ 管理求职用户。
- ❖ 管理招聘用户。
- ❖ 管理新闻。

2. 网上求职招聘系统用例建模

从上述模块可以看出，该系统的用户是求职者、招聘者、管理员。根据各模块的用例，我们对各模块进行用例建模。

（1）对系统的求职者模块进行用例建模

求职者模块如图 5-10 所示。

（2）对系统的招聘者模块进行用例建模

招聘者模块如图 5-11 所示。

（3）对系统的管理员模块进行用例建模

管理员模块如图 5-12 所示。

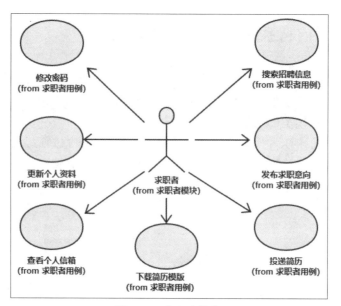

图 5-10 求职者模块

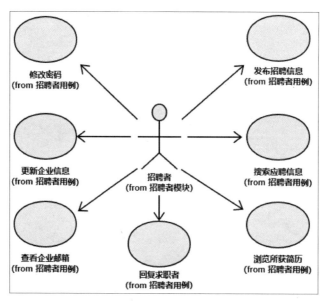

图 5-11 招聘者模块

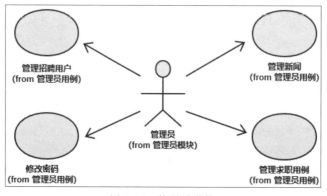

图 5-12 管理员模块

（4）对系统总体功能进行建模

系统总体功能如图 5-13 所示。

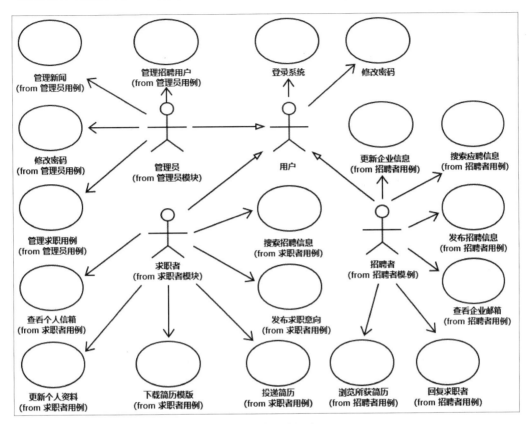

图 5-13　系统总体功能

（5）建立用例规约（Use Case Specification）

下面以求职者模块中的"修改密码"用例为例，创建它的用例规约，如表 5-3 所示。

（6）创建活动图描述用例

在进行程序设计的过程中，我们曾使用流程图来表达程序执行过程中的每个步骤。程序流程图对于程序设计者以及程序阅读者都具有很强的可读性。在 UML 中，活动图类似于流程图，它描述了执行某个功能的活动。使用活动图来描述用例，比用例规约更直观。在使用活动图对求职者模块中的"修改密码"这一用例进行描述时，先了解一下组成活动图的元素：

活动图的起点：用实心圆表示。

活动图的终点：半实心圆表示。

状态：用带圆端的方框表示。

转移：用带箭头的直线表示状态的转移。

分支：用菱形表示，事件在不同的触发条件下引起不同的转移。

泳道：将活动图的活动状态分组，每组表示负责那些活动的业务组织。在活动图里，泳道区分了谁（who）或者什么（what）执行哪些活动和状态职责。

可以利用 ProcessOn 界面左侧编辑区工具栏中"UML 状态图/活动图"的图形绘制出该用例的活动图，如图 5-14 所示，图中使用注释描述了一些图标。

表 5-3　"修改密码"用例规约

用例名称	修改密码
参与者	多个求职者
简要说明	求职者为了密码安全并且方便使用，修改了密码
前置条件	（1）求职者已经登录网上求职招聘系统 （2）求职者输入旧密码 （3）求职者输入新密码
基本事件流	（1）求职者单击"修改密码"按钮 （2）系统出现一个对话框，显示"密码修改成功！" （3）求职者单击"确认"按钮 （4）用例结束
其他事件流 A1	在单击"修改密码"按钮前，求职者随时可以单击"清空"按钮，清空文本框，重新填写内容
异常事件流 E1	（1）系统出现一个对话框，显示"旧密码输入错误" （2）求职者单击"确认"按钮 （3）返回到修改密码页面，旧密码文本框被清空
异常事件流 E2	（1）系统出现一个对话框，显示"密码要设在 6～10 位之间" （2）求职者单击"确认"按钮 （3）返回到修改密码页面，新密码文本框被清空
异常事件流 E3	（1）系统出现一个对话框，显示"旧密码输入错误 3 次" （2）系统自动锁定该用户 （3）系统返回到首页
后置条件	求职者的密码被重置，再次登录时必须使用新密码

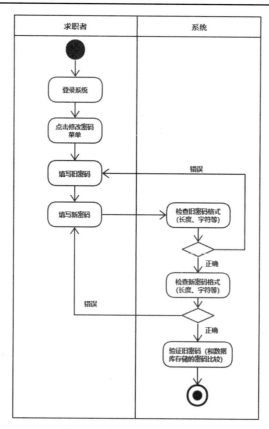

图 5-14　"修改密码"活动图

对一个系统进行用例建模时，必须先确定系统的参与者，再分析参与者的活动，找出系统的用例，然后确定参与者之间、用例之间以及参与者与用例之间的关系，最后建立用例图。但是用例图只是用例模型的一部分，为了使软件开发者和用户之间能够进行有效的沟通，我们必须对每个用例建立用例规约，或者进行可视化的描述（建立活动图或者时序图），因为这相当于一份契约。

对功能模型建模的可用的建模手段主要是用例图和用例规约，有时用到协作图、活动图或时序图。不过，协作图、活动图和时序图主要适合业务模型建模，因为业务模型属于动态模型，也被称为动态建模。后面会进一步介绍活动图的创建。

5.3 用 ProcessOn 设计领域模型

建立系统的用例模型是软件需求分析的一种必要方法，方便了用户和软件开发人员之间的沟通。用 ProcessOn 建立系统的领域模型（Domain Model）则从静态角度分析系统。

5.3.1 理解领域模型

领域模型是某行业领域内现实世界概念类的一种表示，而不是软件组件的一种表示。领域模型不是描述软件类的图集，也不是有着职责的软件对象。通俗地说，领域模型是某行业领域相关的实体的集合，是某行业领域中的任何事物或者人的可视化的表示，它关注的是实体本身，而不在于它们的属性和操作。

领域模型是概念类或者系统相关的对象的可视化表示。领域模型一般包含的元素有：概念类、概念类之间的关联、概念类的基本属性。

由此可见，领域模型有点类似概念数据模型，即 E-R 图。

5.3.2 使用 ProcessOn 建立领域模型

1．找出当前用例中的所有的概念类

根据用例场景中的名词或者名词短语，找出当前用例中的所有的概念类。

2．建立所有概念类所在的包

包的分类可以根据系统的模块或者是类的职责进行划分。

3．创建领域模型

创建领域模型实际上是在建立类图（Class Diagram）。在 ProcessOn 界面的快捷区中单击"UML 类图"的图形，绘制出这个类图，如图 5-15 所示。

4．创建类

新建一个 UML 类图文件，将 UML 类图中的相应图形拖至编辑区，如图 5-16 所示。

5．创建概念类之间的关联关系

类之间的常见关系有 4 种：关联、泛化、聚合、依赖。

关联是描述相关的两个事物之间进行通信的一种关系。

图 5-15　UML 类图

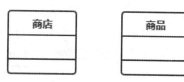

图 5-16　类图

类之间的关联（Association）关系具有一些属性，用户可以根据需要进行设置。关联关系不仅可以建立在两个类上，也可以只建立在一个类上。根据关联类的个数，关联可以分为一元关联和二元关联。

关联关系的对象间可以根据关联的程度设置关联多重性，最常见的多重性如下。

- ❖ 0…1：与 0 个或 1 个对象相关联。
- ❖ 0…*：与 0 个或多个对象相关联。
- ❖ 1…1：与 1 个对象相关联。
- ❖ 1…*：至少与 1 个对象相关联。
- ❖ *：与多个对象相关联。

6．添加必要属性

属性是描述一个类或对象的基本信息。在领域模型中，我们要设置需求分析过程或者用例分析过程，涉及相关类的信息和类本身所固有的一些基本信息。因为领域模型属于软件需求分析范畴，所以我们不侧重分析类的行为。

5.3.3　网上求职招聘系统的领域模型案例分析

1．对系统的求职者模块进行分析

该领域的概念如表 5-3 所示。

表 5-3　概念类列表

类名（Class Name）	描述（Description）
求职者（Person）	求职者模块这一领域的主要参与者
新闻（News）	最新的社会新闻和求职招聘信息
邮件（Email）	求职者收到的各类信件
邮箱（Email box）	求职者的邮件存储位置
简历（Resume）	个人的履历介绍
简历模板（Resume model）	网站上提供的成功求职者的简历
个人信息表（Personal infomation）	个人的基本信息，如姓名、性别、地址等

2．创建求职者领域模型

求职者领域模型如图 5-17 所示。

3．添加属性

完整的求职者领域模型如图 5-18 所示。

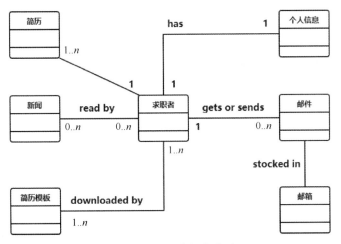

图 5-17 求职者领域模型

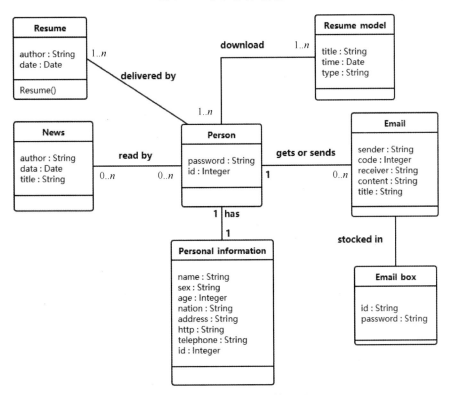

图 5-18 完整的求职者领域模型

5.4 用 ProcessOn 设计类模型和包图

建立类模型和包图是指从静态角度来分析系统。因此,类图和包图实际上属于系统的静态模型。本节将讨论如何在 ProcessOn 的逻辑视图中创建类、如何将类组织成包。

5.4.1 类建模

类图(Class Diagram)是面向对象系统的核心,它的主要元素包括类、对象、接口及它们之间的关系。在分析阶段，我们仅需为领域模型中的概念类添加必要的属性，而在设计阶段就必须为类添加必要的行为操作。前者通常在用例视图（Use Case View）中建立类图，而后者通常在逻辑视图（Logical View）中建立类图。对于整个软件开发团队而言，类图的直观性不论在分析阶段、设计阶段还是在编码阶段都有十分重要的作用，软件开发人员在清楚地看到系统的设计后，就可以提高编码的效率。

1．创建类图

利用 ProcessOn 的快捷区中"UML 类图"的图形进行类图的绘制，将相应的图形直接拖至编辑区即可。

单击刚刚建立的类图的文字区域，即可实现修改类图名的操作。

2．设计类

类是对现实世界中具有相同的性质和行为的一类对象的抽象，封装了这一类对象所共有的属性和操作。ProcessOn 中类的图标如下：

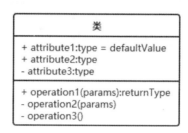

（1）寻找类

找名词：在用例事件流中找出名词或者名词短语，分析这些名词的意义，这是因为这些名词并不都是类，可能是属性。

CRC（Class-Responsibility-Collaboration，类 - 职责 - 协作）方法：是模拟开发者"处理卡片"的过程，开发者在执行一个处理实例（即一个用例）的同时，将类名赋予的职责和合作者添入卡片。

根据 MVC（Model-View-Controller）模式寻找：根据用例图找出边界类（Boundary Class）；在用例中找出控制类（Control Class）；如果数据库已经设计好了，可以根据数据库中的表获得实体类（Entity Class）。

（2）在类图中添加类

在快捷区中拖动类图标至类图编辑区的任意位置，则添加成功。

当要删除类图中的类时，可以直接选中想要删除的类，然后按 Delete 键即可。

5.4.2　设计包图

对一个复杂的面向对象的系统进行建模，我们需要建立大量的类、接口、关联和 UML 图，以达到确定系统需求以及系统设计的目的。如果将这些元素分散地放在用例视图（Use Case View）、逻辑视图（Logical View）、组件视图（Component View）中，就会对维护和控制系统的需求和总体结构造成很大的麻烦。设计一些良好的包，将建模过程中的元素有效地组织起来，就可以保证高内聚和低耦合；同时，通过控制包的可见性，就能有效地控制对包中的内容的访问。

包图的元素包括包、包与包之间的联系，包图实际上是通过类图（Class Diagram）来实现的。

1．创建包图

包图也是从静态角度观察系统的总体结构，在 ProcessOn 中，包图是通过创建 UML 通用图形来实现的，操作方法与创建类图是一样的。

2．设计包

包是一个集合，它的元素是多个具有某些相同的特征的类、接口或者其他 UML 元素的集合。一个包可以包含多个类，但一个类仅能被一个包拥有。包的图标如下：

包中还可以包含子包，如果从系统角度划分，最外层的包为系统包，那么它所嵌套的包就是子系统。包之间的通信通常通过泛化和依赖关系实现。

（1）在类图中添加包

在编辑区工具栏中拖动包的图标至编辑区即可。

（2）根据 BCE 方法组织类

BCE（Boundary-Controller-Entity，边界－控制－实体）方法是基于类的 3 种常见类型（Stereotype）来划分的。

边界（Boundary）包：所有边界类的集合，这些类为参与者和系统提供了交互的平台。

控制（Controller）包：所有控制类的集合，这些类是由参与者或系统触发的活动。

实体类（Entity）包：所有实体类的集合，这些类通常是数据模型图中的对象，在数据库中通常以表的形式存在。

这种方法与系统的一种架构（MVC 架构）相对应。这种架构层次明显，每个层次的职责十分清楚，对于开发者而言，不论是设计还是编码，都是一个很好的架构和组织方式。

在编辑区创建系统的三个包：Boundary Package、Controller Package、Entity Package，如图 5-19 所示。

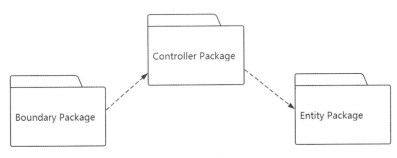

图 5-19　创建包图

图 5-19 中带箭头的虚线表示包之间的依赖关系，从有依赖性的包指向被依赖的包。

3．删除包图

在类图编辑区中选择要删除的包，按 Delete 键即可删除对应的包。

5.4.3　网上求职招聘系统类图和包图案例分析

1．创建类图

从系统的数据库角度分析类，对部分实体类进行分析，如图 5-20 所示。

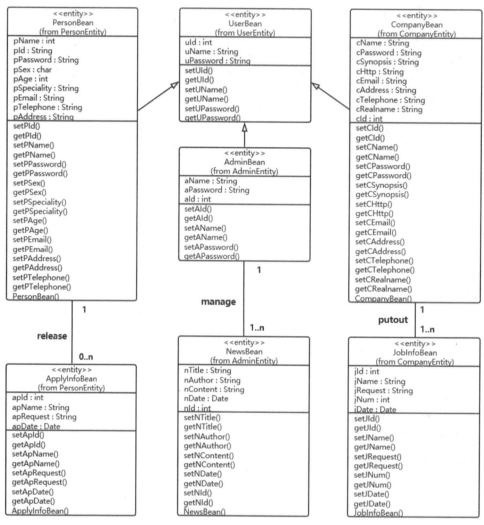

图 5-20　系统部分类图

从图 5-20 中可以看到，我们从数据库中得到 7 个实体类：UserBean（用户）、PersonBean（求职者）、CompanyBean（企业）、AdminBean（管理员实体）、ApplyInfoBean（求职信息）、NewsBean（新闻）、JobInfoBean（招聘信息）。图 5-20 中只展示了它们之间存在的主要关系：对于 PersonBean、CompanyBean、AdminBean 而言，它们首先都是用户，因此与 UserBean 之间存在泛化关系。PersonBean 与 ApplyInfoBean 之间存在 release（发布）关联关系；AdminBean 与 NewBean 之间存在 manage（管理）关联关系；CompanyBean 与 JobInfoBean 之间存在 putout（发布）关联关系。

2．组织类

我们采用 MVC 架构搭建的"网上求职招聘系统"分为三个模块：求职者模块、招聘者模块、管理员模块。每个模块的设计都是按照 MVC 架构设计的：边界类包集合了表现层的所有类（边界类）；控制包集合了控制层的所有类（控制类）；实体包集合了所有业务逻辑层和数据的类（实体类）。

5.5 用 ProcessOn 设计系统动态模型

系统的动态模型类似"业务模型"，它描述了系统随时间变化的行为，这些行为是用从静态模型中抽取的系统的瞬间值的变化来描述的。在 UML 的表现上，动态模型主要是建立系统的交互图（Interaction Diagram）和行为图。交互图包括时序图和协作图，行为图包括状态图和活动图。交互图描述了一个交互，由一组对象和它们之间的关系组成，并且包括在对象之间传递的消息。

5.5.1 时序图建模

1．理解时序图

时序图又称为顺序图，是强调消息时间顺序的交互图，描述了类及类间相互交换以完成期望行为的消息。时序图向 UML 用户提供了事件流随时间推移的、清晰的和可视化的轨迹。时序图一般包括如下元素：类角色、生命线、激活期和消息。

（1）类角色（Class Role）

类角色代表时序图中的对象在交互中所扮演的角色，一般代表实际的对象。

（2）生命线（Lifeline）

生命线代表时序图中的对象在一段时期内的存在。每个对象底部中心都有一条垂直的虚线，这就是对象的生命线，对象间的消息存在于两条虚线间。

（3）激活期（Actiation）

激活期代表时序图中的对象执行一项操作的时期。每条生命线上的窄矩形代表活动期。

（4）消息（Message）

消息是定义交互和协作中交换信息的类，用于对实体间的通信内容建模。信息用于在实体间传递信息，允许实体请求其他的服务，类角色通过发送和接收信息进行通信。

2．用 ProcessOn 建立时序图

以网上求职招聘系统的登录操作为例，建立时序图。

网上求职招聘系统采用 MVC 架构创建，所以下面以同样的模式创建用户登录系统的时序图，如图 5-21 所示。

3．时序图建模要点

使用时序图对系统建模时，可以遵循如下策略。

① 设置交互的语境，这些语境可以是系统、子系统、操作、类、用例和协作的一个脚本。

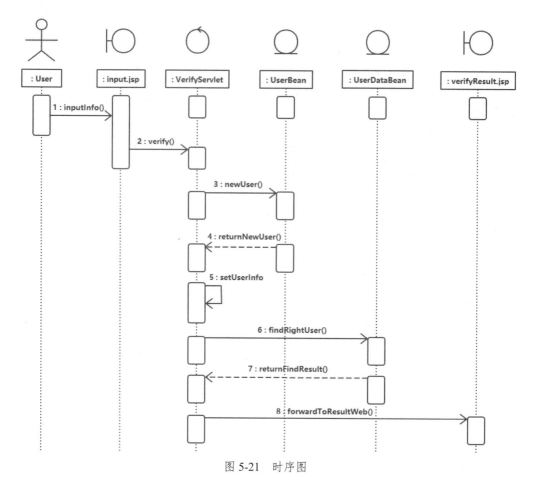

图 5-21　时序图

② 通过识别对象在交互中扮演的角色，根据对象的重要性，将其从按左到右的方向放在时序图中。

③ 设置每个对象的生命线。一般情况下，对象存在于交互的整个过程，但它也可以在交互过程中创建和撤销。

④ 从引发某个交互的消息开始，在生命线之间按自上而下的顺序画出随后的消息。

⑤ 设置对象的激活期，以可视化实际计算发生时的时间点、可视化消息的嵌套。

⑥ 如果需要设置时间或者空间的约束，则可以为每个消息附上合适的时间和空间的约束。

⑦ 给某控制流的每个消息附上前置条件或者后置条件，这可以详细地说明这个控制流。

5.5.2　协作图建模

1. 理解协作图

协作图是动态模型的另一种表现形式，强调参加交互的各对象的组织。协作图只对相互间有交互作用的对象和这些对象间的关系建模，而忽略了其他对象和关联。协作图可以被视为对象图的扩展，但它除了展现对象间的关联，还显示对象间的消息传递。

协作图一般包括如下元素：类角色、关联角色和消息流。

（1）类角色（Class Role）

类角色代表协作图中对象在交互中所扮演的角色，矩形中的对象代表类角色。类角色代表参与交互的对象，它的命名方式和对象的命名方式一样。

（2）关联角色（Association Role）

关联角色代表协作图中连接在交互中所扮演的角色。

连接（或路径）代表关联角色。

（3）消息流（Message Flow）

消息流代表协作图中对象间通过连接发送的消息。类角色之间的箭头表明在对象间交换的消息流，消息由一个对象发出并由消息所指的对象接收，链接用于传输或实现消息的传递。消息流上标有消息的序号和类角色间发送的消息，一条消息会触发接收对象中的一项操作。

2. 建立协作图

网上求职招聘系统采用 MVC 架构创建，所以下面以同样的模式创建用户登录系统的协作图，如图 5-22 所示。

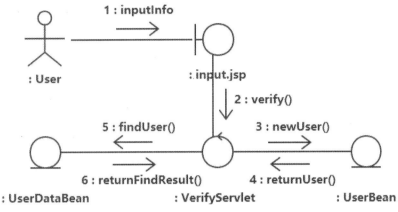

图 5-22　用户登录系统的协作图

3. 协作图建模要点

使用协作图对系统进行建模时，可以遵循如下策略。

① 设置交互的语境，语境可以是系统、子系统、操作、类、用例或用例的脚本。

② 通过识别对象在交互中所扮演的角色，开始绘制协作图，把这些对象作为图的顶点放在协作图中。

③ 在识别协作图对象后，为每个对象设置初始值，如果某对象的属性值、标记值、状态或角色在交互期发生变化，则在图中放置一个复制对象，并用变化后的值更新它，然后通过构造型<<become>>或<<copy>>的消息将两者连接。

④ 设置对象的初始值后，根据对象间的关系开始确定对象间链接。一般先确定关联的链接，因为这是最主要的，它代表了结构的链接；然后需要确定的是其他链接，用合适的路径构造型修饰它们，这表达了对象间是如何互相联系的。

⑤ 从引起交互的消息开始，按消息的顺序，把随后的消息附到适当的链接上。这描述了对象之间的消息传递，可以用带小数点的编号来表达嵌套。

⑥ 如果需要说明时间或空间的约束，可以用适当的时间或空间约束来修饰每个消息。

⑦ 在建模中，如果想更详细地描述这个控制流，可以为交互过程的每个消息附上前置条件和后置条件。

5.5.3 状态图建模

在系统分析员对某对象建模时，最自然的方法并不是着眼于从活动到活动的控制流，而是着眼于从状态到状态的控制流。系统中对象状态的变化是最容易被发现和理解的，因此在 UML 中，可以使用状态图展现对象状态的变化。

1. 理解状态图

状态图是 UML 中对系统动态方面建模的图之一。状态图是通过类对象的生命周期模型，来描述对象随时间变化的动态行为。状态图显示了一个状态机，基本上是一个状态机中的元素的一个投影，这意味着状态图包括状态机的所有特性。状态图与其他图的区别在于它的内容。状态图通常包括如下内容：状态、转换。

（1）状态

状态定义对象在其生命周期中的条件或状况，在此期间，对象满足某些条件，执行某些操作或等待某些事件。状态用于对实体在其生命周期中的状况建模。

（2）转换

转换包括事件和动作。事件是发生在时间、空间上的一些值得注意的事情。动作是原子性的，通常表示一个简短的计算处理过程（如赋值操作或算术计算）。

2. 建立状态图

下面以 ProcessOn 进行用户登录系统为例，使用状态图描述用户的状态变迁，如图 5-23 所示。

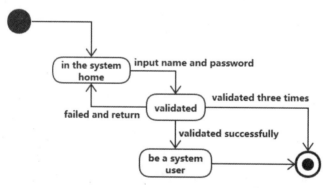

图 5-23　求职者模块状态图

状态图中各状态的解释如表 5-4 所示。

表5-4　状态图中各状态的解释

名　称	解　释	名　称	解　释
in the system home	在系统首页状态	validated three times	已验证 3 次
validated	受验证状态	validated successfully	验证成功
be a system user	成为系统用户状态	failed and return	验证失败并返回
input name and password	输入用户名和密码		

3．状态图建模要点

使用状态图一般是对系统中反映型对象建模，特别是对类、用例和系统的实例的行为建模。在对这些反映型对象建模时，要描述三方面的内容：对象可能处于的稳定状态，触发状态转变的事件，对象状态改变时发生的动作。

在使用状态图对系统反映型对象建模时，可以参照以下步骤进行。

<1> 识别一个要对其生命周期进行描述的参与行为的类。

<2> 对状态建模，即确定对象可能存在的状态。

<3> 对事件建模，即确定对象可能存在的事件。

<4> 对动作建模，即确定当转变被激活时相应被执行的动作。

<5> 对建模结果进行精化和细化。

5.5.4 活动图建模

活动图是 UML 中描述系统行为的图之一，用于展现参与行为的类的活动动作。活动是在状态机中一个非原子的执行，由一系列的动作组成；动作由可执行的原子计算组成，这些计算能够使系统的状态发生变化或返回一个值。

1．理解活动图

活动图（Activity Diagram）主要描述操作（方法）实现中所完成的工作及用例实例或对象中的活动。它是状态图的一个变种，与状态图的区别是：活动图的主要目的是描述动作（执行的动作和活动）及对象改变的结果；活动图中的动作可以放在泳道中，泳道聚合一组活动，并指定负责人和所属组织。

（1）泳道（Swimlane）

泳道被用来组织活动，每个泳道内的活动代表一个对象的所有职责。换言之，泳道是把活动状态划分成几个集合，再将它们分配给负责执行它们的对象，即实现了对象的职责分配。

（2）活动（Activity）

活动是活动图的主要组成元素，一个活动表示活动流程的一个步骤，在 ProcessOn 中，它的建模图标如下：

（3）状态转移（State Transition）

活动图中整个活动的流程，是通过一个活动到另一个活动的转移来实现的，当一个活动结束，要进入另一个活动时，通过带箭头的实线进行连接。

（4）决定（Decision）

活动图中使用菱形表示决定，可以有一个输入而产生多个输出。每条状态转移线上都有连接下一个活动的条件，当且仅当该条件成立时，下一个活动才是前一个活动的连续。

2．建立活动图

下面用 ProcessOn，以求职者模块中的"搜索工作"业务为例，用活动图来描述该业务，如图 5-24 所示。

活动图中的泳道和活动状态描述如表 5-5 所示。

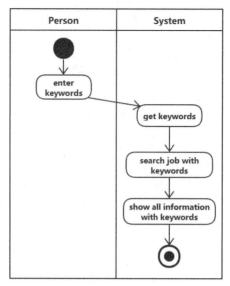

图 5-24　求职者的活动图

表 5-5　泳道和活动状态描述

名　称	解　释
Person	求职者对象
System	系统
enter keywords	输入关键字
get keywords	获取关键字
search job with keywords	搜索包含关键字的工作
show information with keywords	显示所有包含关键字的工作信息

3．活动图建模要点

一个系统的功能需要经过许多复杂的活动才能实现，活动图用来描述系统的动态行为。在建模的过程中，我们通常通过以下步骤实现：

<1> 识别要对其工作流进行描述的类。

<2> 对动态状态建模。

<3> 对动作流建模。

<5> 对对象建模。

<5> 对建模结果进行细化。

系统的动态模型建模类似业务模型建模。

在功能模型、业务模式、数据模型中，我们已经介绍了两个，剩下的数据模型建模将在 5.6 节中介绍。

5.6　用 ProcessOn 进行数据建模

ProcessOn 不仅支持在需求阶段对系统进行功能建模，在设计阶段对系统进行详细设计，还支持持久层数据库建模，即数据模型建模。ProcessOn 允许将 UML 对象模型用作逻辑模型，将数据模型用作物理模型，并协助用户保持这两者之间的同步。

1．创建数据模型

在 ProcessOn 工具中，数据模型不仅存在逻辑视图中，也存在于组件视图中。在逻辑视图中，用户可以创建一个计划（Schema），在计划中创建表（Table）、域（Domain）、域包（Domain Package）。在组件视图中，用户可以进行数据库建模，数据库在组件视图中扮演<<database>>组件角色。

创建一个数据模型的主要步骤如下：

<1> 创建一个数据库。

<2> 创建一个支持数据建模的计划（Schema），并且将该计划指派给数据库。

<3> 创建域和域包。

<4> 创建表。

<5> 在表中创建一些详细的要素（约束、触发器、索引、主键）。

<6> 添加表之间的关系和外键。

<7> 创建视图（View）。

<8> 基于数据模型生成对象模型。

<9> 生成数据库。

<10> 在更新一些元素的过程中保持数据库和数据模型的同步。

上述步骤不是必需的，但创建数据库和计划是必需的。

2．网上求职招聘系统数据模型案例分析

根据网上求职招聘系统领域模型以及静态模型，我们对持久层的数据进行数据模型的建模，如图 5-25 所示。

图 5-25 是对网上招聘系统的用户进行数据建模，表 admin、company、person 中的外键是通过表之间的关系建立的，而所有表的主键是通过表的属性设置选项卡来设定的。

5.7 ProcessOn 的其他功能

除了基本的各类模型的绘制功能，ProcessOn 还为用户提供了许多非常方便的功能与模块，来加快用户使用 ProcessOn 的入门速度，为用户的开发工作提供便利甚至能为用户创造收入。这些便利且强大的功能都会在本节简要介绍。

1．ProcessOn 模板功能介绍

用户在使用 ProcessOn 创建各种模型的时候，往往会出现由于没有思路而导致无从下手的情况出现。此时用户希望能够有一定的实例作为参考，来减轻自己绘制工作的难度。特别对于初学者而言，如果有前人大量优秀的模型作为学习参考的资料，往往能够起到事半功倍的效果，对新人的入门是非常有帮助的。正是为了解决这个矛盾，ProcessOn 添加了模板功能，为广大用户提供绘制的参考。

登录 ProcessOn，在最上方的菜单栏中选择"模板"，即可进入模板页面，如图 5-26 所示。

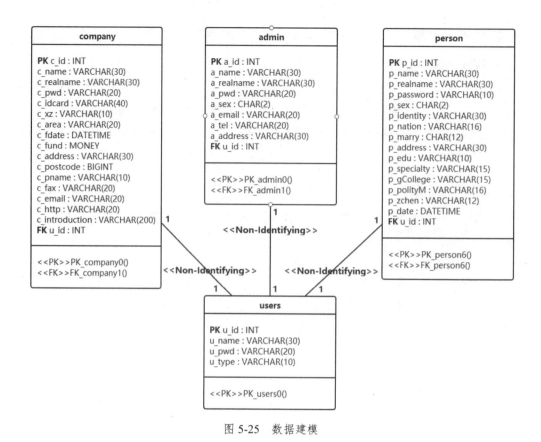

图 5-25　数据建模

图 5-26　ProcessOn 的模板页面

在这个页面中，用户既可以使用上方的搜索框利用关键字进行搜索，也可以在页面中部的"专题"以及下方默认显示的模板中直接进行点击查看。如图 5-27 是网友分享的微信商城的流程图。

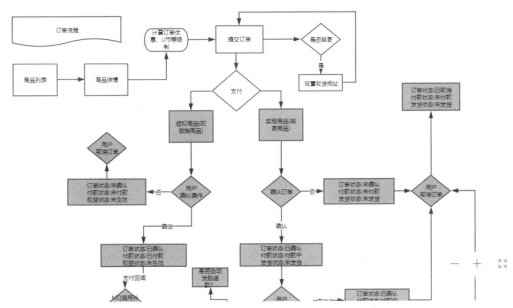

图 5-27　网友分享的微信商城模板流程图

用户通过参考这些优秀的模板，就可以将绘制思路运用于自己的项目中，便可以快速了解 ProcessOn 的各类模型的绘制方法。当用户上手以后，还可以分享出自己绘制的模型，并且可以将自己的模型设置为收费模式，利用 ProcessOn 这个平台，吸引更多的用户来使用你的模板，创造收入，实现共赢。

2．邀请协作

传统的文档编辑方式是用户在自己的计算机中，借助于相应的办公软件进行编辑，如果在编辑的过程中遇到问题需要请教他人，或者想与他人分享自己的劳动成果，一般都需要借助移动存储设备进行复制，或者利用实时聊天工具进行在线传输。不论采用哪种方法，都难以实现多人协作的目的，即多人共同编辑同一份文档，以发挥"头脑风暴"的效果。

利用 ProcessOn，可以在两个页面对好友发起协作邀请。第一个页面是在个人的主页面，这里会显示用户编辑保存过的文件。用户可以将鼠标移动到想要进行协作的文件的右上角，此时会显示一个圆形按钮，单击该按钮，就会出现一个下拉菜单，如图 5-28 所示。

单击"协作"菜单，在新弹出的"添加协作成员"对话框中，可以选择想要参与协作的好友，并可在下方的下拉列表中对该好友的权限进行管理，即以"编辑者"或"浏览者"的身份参与协作。设置完成以后，单击"发送邀请"按钮即可。

另一个可以添加协作好友的页面是在绘图的编辑界面，单击界面下方的"邀请协作者"即可，如图 5-29 所示，同样可以弹出"添加协作成员"对话框。

3．演示功能

日常的工作难免需要对自己的成果进行汇报，而 ProcessOn 为用户提供了演示功能，它可应用于小组会议、成果展示或项目报告等场景。该功能主要针对"思维导图"模式。

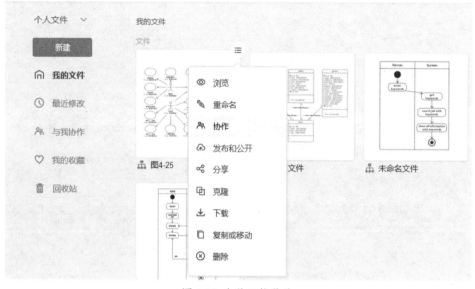

图 5-28 文件下拉菜单

图 5-29 编辑页面的"邀请协作者"

为了实现演示功能,这里首先打开一个已经编辑好的思维导图,单击选择界面右上角的"演示"按钮,如图 5-30 所示。

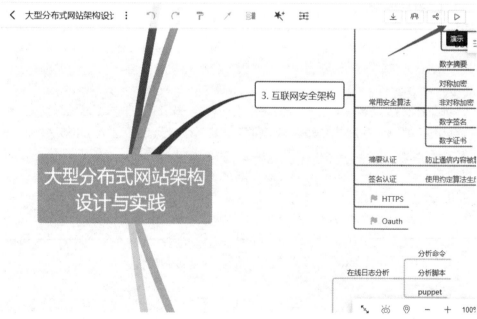

图 5-30 ProcessOn 的"演示"按钮

利用 Ctrl+鼠标左键的拖曳，设计演示幻灯片每页想要展示的内容，如图 5-31 所示。

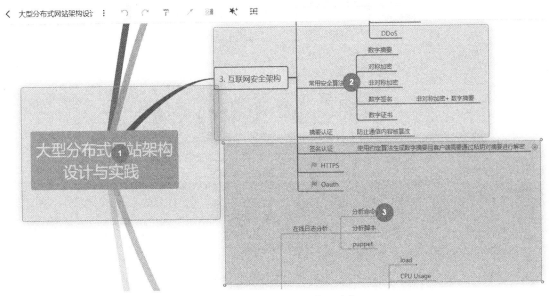

图 5-31　ProcessOn 的演示功能

完成后，单击界面右上方的开始演示三角按钮，ProcessOn 可以如幻灯片一样，开始演示用户刚才所定义好的每页内容。幻灯片的翻页需要用户手动切换，会将用户定义放映的内容进行放大展示。由于 ProcessOn 编辑出来的图形属于矢量图形，因此即便是放大，也不会出现图像失真的问题，便于用户的汇报工作。

到此为止，ProcessOn 的建模实践指南介绍完毕。更多的实用功能，读者可以参考 ProcessOn 的在线帮助文档。结合功能模型、业务模型、数据模型的建模方法论，我们介绍了网上求职招聘系统的需求建模与设计建模。但是，读者要完全理解与掌握它，必须抓住一个项目，亲自动手进行实践才行。

ProcessOn 建模实践指南，不实践是不行的！

思考题 5

5.1　ProcessOn 的理论基础是 UML。为什么？

5.2　只要掌握了 UML 的几种常用图，如类图、用例图、时序图，学习 ProcessOn 就轻轻松松了。为什么？

第6章 网上论坛实战

本章导读

随着 Internet 的发展和社会信息化程度的日益提高，越来越多的用户要求开发基于 Web 的 B/S 架构的应用程序。为了满足开发多层体系结构的企业级应用需求，Sun 公司在 Java SE 的基础上推出了 Java EE 开发平台。Java EE 技术具有跨平台、兼容性好、安全性高、功能强大等显著优点，在企业级应用软件领域占领了大部分市场，取得了很多的成功案例。本章将讨论的"网上论坛系统"是一个利用 Java EE 平台开发的系统，这里将其命名为"冰鱼论坛管理系统（简称 Icefish BBS）"。该系统属于典型论坛系统，具备了比较完善的论坛基本功能。

冰鱼论坛管理系统由王冬龙同学完成。按照规范和模板书写文档，即便是年轻无经验的本科学生，也能独立完成软件项目，干出漂亮成绩。作者认为，在软件创新领域，不管是本科生、研究生、博士生、博士后，它们都是站在同一条起跑线上，享受人人平等的创新机遇。

作为学生软件开发的实战项目，任课老师与学生完全可以自选其他项目。"网上论坛系统"只是一个参照项目，掌握其开发思路即可，不必关心它的实现细节。

表 6-1 是本章对读者的要求。

表 6-1　本章要求

要　求	具体内容
了　解	（1）网上论坛系统的立项背景 （2）网上论坛系统的 Java EE 开发环境
理　解	（1）网上论坛系统的运行环境 （2）网上论坛系统的文档制作模板
掌　握	网上论坛系统的编码风格

6.1 系统立项背景

论坛又叫 BBS（Bulletin Board System，电子公告板），是 Internet 上的一种交互性极强的、网友喜闻乐见的电子信息服务系统，提供一块公共电子白板，每个用户都可以在上面发布各自的信息或提出不同的看法，以便与其他用户进行交流讨论。

目前，开发 Web 应用系统有 3 种流行的网络编程脚本语言，分别是 ASP、JSP、PHP。ASP 是微软公司的产品，JSP 是 Sun 公司推出的，PHP 由一个网络小组开发和维护。PHP 在 1999 年下半年和 2000 年用得非常广泛，因为其采用 Linux＋PHP＋MySQL 平台，而且是全免费的、非常稳定的中小型应用平台。ASP 和 JSP 采用不同的方式处理页面中嵌入的程序代码。在 ASP 下，VBScript 代码被 ASP 引擎解释执行；在 JSP 下，代码被编译成 Servlet 并由 Java 虚拟机执行，这种编译操作仅在对 JSP 页面的第一次请求时发生。这意味着，JSP 总体效率比 ASP 要高。另外，Java EE 技术具有许多优点，所以我们采用 Java EE 平台来开发系统。近年来开始流行 ASP.NET。ASP.NET 和 JSP 同样是属于编译型的，即在第一次运行 Web 应用时将代码编译，以后重新运行就不再进行编译了，除非代码发生改变。

图 6-1 和图 6-2 为"冰鱼论坛管理系统"（以下简称"论坛"）的部分界面。

论坛具有的最基本模块有用户模块、版块管理模块、帖子模块、友情链接模块及广告管理模块等。

❖ 用户模块：主要包括用户登录、注册、用户资料修改等。

❖ 版块管理模块：主要实现对论坛版块的管理，如增、删、改等。

❖ 帖子模块：主要显示帖子内容，斑竹或管理员能进行相应管理。

图 6-1 "冰鱼论坛管理系统"前台界面

图 6-2 "冰鱼论坛管理系统"后台界面

❖ 友情链接模块：主要用于其他站长申请友情链接。

❖ 广告管理模块：主要用于论坛放置广告，并进行相应管理。

论坛采用了 Java EE 设计模式中的 MVC Model 2 模式，采用 MySQL 数据库服务器。由于前面的章节已详细讲解了需求分析、数据库设计等方面的内容，本章的讨论重点为 Java EE 系统架构设计及具体实现，对需求分析及系统测试不详细介绍。

6.2　系统需求分析

6.2.1　需求分析任务

需求分析就是对顾客的需求进行定义或确定，这一过程十分重要，而且有许多工作看似容易，做起来却很难。因为客户的需求具有动态性，甚至有经常性的变化，同时客户的需求具有模糊性，有些客户对业务流程表达不规范，对需求表达不清楚、不明确，甚至自己都不清楚真正的需求是什么。所以唯一不变的就是变化！

尽管需求分析过程的工作很多，但最主要的是要完成以下 8 项任务。

任务 1：画出论坛的组织结构图，由于论坛的组织结构是以角色的组成为结构的，因此列出角色结构即可。画出组织结构图也就得到了论坛的角色组成，为接下来的权限分配和功能模块的开发奠定了基础。

任务 2：画出论坛的业务操作流程图，即业务操作模型，重点是业务操作的流水步骤。

任务 3：列出论坛的功能点列表，即功能模型。

任务 4：列出论坛的性能点列表，即性能模型。

任务 5：列出论坛的接口列表，即接口模型。由于论坛不需要与其他系统或设备进行交互、连接等，因此此项需求在该论坛中略去。

任务 6：确定论坛的运行环境，即环境模型。

任务 7：确定论坛的界面，即界面模型。

任务 8：对论坛的开发工期、费用、开发进度、系统风险等问题进行分析和评估。

以上各项任务的需求分析信息，将在后面的需求规格说明书中详细列出，因此不再赘述。当然，上述 8 项任务不能在任何系统开发中生搬硬套，要具体问题具体分析，适当地增加或减少任务。

6.2.2 需求分析文档

需求分析文档的制作格式，见参考文献[1]。

冰鱼论坛管理系统

需求规格说明书（Requirements Specification）

1．概述（Summary）

需求分析是软件开发生命周期中的重要阶段，是软件设计阶段的基石。本文档是软件开发者和客户之间签订的一份契约，保证客户需求的稳定性，为软件开发者提供软件开发过程的凭据。

1.1 用户简介（User Synopsis）

现实生活中的交流存在时间和空间上的局限性，交流人群范围的狭小，以及间断的交流，不能保证信息的准确性和可取性。因此，用户需要通过网上论坛的交流扩大交流面，同时可以从多方面获得自己的即时需求。本系统面向所有乐于参与交流活动的广大网友，用户角色大致分为三类：普通用户、管理员、版主（也称为斑竹）。

1.2 项目目的和目标（Purpose and Aim of Project）

信息时代迫切要求信息传播速度加快，局部范围的信息交流只会减缓前进的步伐。本系统的目的在于为分散于五湖四海的人提供一个共同交流、学习、倾吐心声的平台，实现不同用户的信息互动，用户在获得自己所需的信息的同时也可以广交朋友，拓宽自己的视野和扩大自己的社交面。

1.3 术语定义（Terms Glossary）

IceFish BBS：冰鱼论坛的英文名称。

1.4 参考资料（References）

赵池龙等编著．实用软件工程（第 5 版）．北京：电子工业出版社，2020．

1.5 相关文档（Related Documents）

① 《IceFish BBS 项目开发计划书》

② 《IceFish BBS 概要设计说明书》

③ 《IceFish BBS 详细设计说明书》

1.6 版本更新记录（Version Updated Record）

版本更新记录如表 6-2 所示。

表 6-2　版本更新记录

版 本 号	创 建 者	创建日期	维 护 者	维护日期	维护纪要
V1.0	王冬龙	—	—	—	—

2．目标系统描述（System in Target）

2.1　组织结构与职责（Organizing Framework and Function）

本系统用户的组织结构与角色如图 6-3 所示。

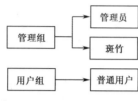

图 6-3　组织结构与角色

2.2　角色定义（Role Definition）

用户在系统中扮演的角色，以及可以执行的职责，如表 6-3 所示。

表 6-3　角色定义

编号	角　色	职　　责
1	普通用户	搜索、浏览、发布、回复帖子，修改个人信息
2	版主，也称为斑竹	拥有所有普通用户的职责，发布公告，管理所属版块的帖子
3	管理员	拥有所有普通用户的职责，管理用户，管理帖子，管理版块，管理公告

2.3　作业流程/业务模型（Busywork Flow/Operation Model）

系统总体业务流程图见 6.3.2 节。每个小的业务流程图需要单独画出，为了节省篇幅，在此不再介绍。

2.4　信息源（Bill of Document）

本系统的主要信息源说明，如表 6-4～表 6-15 所示。

用户信息表如表 6-4 所示，其数据项详细说明如表 6-5 所示。

表 6-4　用户信息表

单据名称	用　　途	使　用　者
icefish_user	存放论坛用户的基本信息	普通用户本人、版主、管理员

表 6-5　用户信息表的数据项详细说明

序号	数据项英文名	数据项中文名	类型、长度、精度	PK/FK
1	user_id	用户 id	int(11)	PK
2	user_name	用户名	char(50)	
3	user_password	密码	char(100)	
4	user_sex	性别	char(2)	
5	user_birthday	生日	datetime	
6	user_QQ	QQ	int(11)	
7	user_Email	E-mail	char(50)	
8	user_tel	电话或手机	char(50)	
9	user_face	头像地址	char(100)	

序号	数据项英文名	数据项中文名	类型、长度、精度	PK/FK
10	user_sign	个人签名	text	
11	user_grade	用户等级	char(50)	
12	user_mark	积分	int(11)	
13	user_topic	发表话题总数	int(11)	
14	user_wealth	用户财富	int(11)	
15	user_post	发表帖子总数	int(11)	
16	user_group	所属门派	char(50)	
17	user_lastip	最后登录 IP	char(15)	
18	user_delnum	被删帖子总数	int(11)	
19	user_friends	好友名单	text	
20	user_regtime	注册时间	datetime	
21	user_lasttime	上次访问时间	datetime	
22	user_locked	状态判断，用户是否被锁定	enum('false', 'true')	
23	user_admin	管理员身份判断	enum('false', 'true')	
24	user_password_a	取回密码答案	char(60)	
25	user_password_q	取回密码提问	char(60)	
26	user_age	年龄	int(11)	
27	user_secondname	用户昵称	char(50)	
28	user_truename	真实名字	char(50)	
29	user_blood	血型	char(10)	
30	user_shengxiao	生肖	char(10)	
31	user_nation	民族	char(50)	
32	user_province	省份	char(50)	
33	user_city	城市	char(50)	

管理员信息表如表 6-6 所示，其数据项详细说明如表 6-7 所示。

表 6-6 管理员信息表

单据名称	用 途	使 用 者
icefish_admin	存放管理员的相关信息	管理员

表 6-7 管理员信息表的数据项详细说明

序号	数据项英文名	数据项中文名	类型、长度、精度	PK/FK
1	admin_id	管理员 id	int(11)	PK
2	admin_name	管理员的名字	char(50)	
3	admin_password	管理员密码	char(25)	
4	admin_user	管理员前台用户名	char(50)	

话题信息表如表 6-8 所示，其数据项详细说明如表 6-9 所示。

表 6-8 话题信息表

单据名称	用 途	使 用 者
icefish_topic	存放话题的基本信息	使用本论坛的所有合法用户

表 6-9　话题信息表的数据项详细说明

序号	数据项英文名	数据项中文名	类型、长度、精度	PK/FK
1	topic_id	话题 id	int(11)	PK
2	topic_boardid	话题所属版块	int(11)	
3	topic_user	发帖者	char(50)	
4	topic_name	话题名称	char(100)	
5	topic_time	话题发表时间	datetime	
6	topic_hits	话题浏览量	int(11)	
7	topic_replynum	话题回复量	int(11)	
8	topic_lastreplyid	最后回复者	int(11)	
9	topic_top	是否置顶	enum('false', 'true')	
10	topic_best	是否加精	enum('false', 'true')	
11	topic_del	是否已被删帖	enum('false', 'true')	
12	topic_hot	是否热门话题	enum('false', 'true')	

版块信息表如表 6-10 所示，其数据项详细说明如表 6-11 所示。

表 6-10　版块信息表

单据名称	用　途	使 用 者
icefish_board	存放版块的基本信息	管理员

表 6-11　版块信息表的数据项详细说明

序号	数据项英文名	数据项中文名	类型、长度、精度	PK/FK
1	board_id	版块 id	int(11)	PK
2	board_idMother	是否为主版块	enum('true', 'false')	
3	board_bid	所属主版块	int(11)	
4	board_name	版块名称	char(50)	
5	board_info	版块说明	mediumtext	
6	board_master	版主	varchar(100)	
7	board_img	版块 LOGO	char(100)	
8	board_postnum	版块帖子数	int(11)	
9	board_topicnum	版块主题总数	int(11)	
10	board_todaynum	版块当日发帖数	int(11)	
11	board_lastreply	版块最新回复	int(11)	

广告信息表如表 6-12 所示，其数据项详细说明如表 6-13 所示。

表 6-12　广告信息表

单据名称	用　途	使 用 者
icefish_ad	存放论坛广告的相关信息	管理员

表 6-13　广告信息表的数据项详细说明

序号	数据项英文名	数据项中文名	类型、长度、精度	PK/FK
1	ad_id	广告 id，代表不同的广告位置	int(11)	PK
2	ad_url	广告链接 URL	char(50)	

序号	数据项英文名	数据项中文名	类型、长度、精度	PK/FK
3	ad_image	广告图片 URL	char(100)	
4	ad_title	广告语	char(50)	

友情链接信息表如表 6-14 所示，其数据项详细说明如表 6-15 所示。

表 6-14　友情链接信息表

单据名称	用　途	使 用 者
icefish_link	存放友情链接的相关信息	管理员

表 6-15　友情链接信息表的数据项详细说明

序号	数据项英文名	数据项中文名	类型、长度、精度	PK/FK
1	link_id	友情链接 id	int(11)	PK
2	link_name	网站名称	char(50)	
3	link_url	网站 URL	char(50)	
4	link_info	网站简介	char(100)	
5	link_logo	LOGO 地址	char(100)	
6	link_islogo	是否有 LOGO	enum('false', 'true')	
7	link_ispass	是否通过本论坛验证	enum('false', 'true')	

3．目标系统功能需求（Function of Target System）

3.1　功能需求分析（Function Analysis）

使用用例图描述系统的功能需求，如图 6-4 所示。

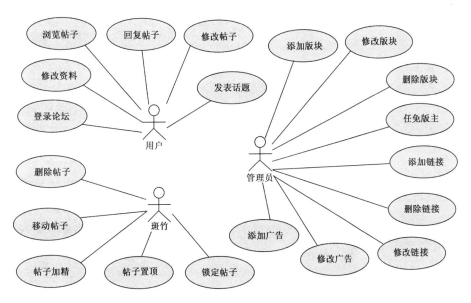

图 6-4　系统用例图

3.2　功能需求点列表/功能模型（Function List/Function Model）

系统模块设置如表 6-16 所示。

系统的功能需求点列表如表 6-17 所示，它是系统测试的参照依据。

表 6-16　系统模块设置

编　号	模块名称	简　要　描　述
1	用户管理模块	前台供用户注册、登录，用户还可修改用户资料，登录密码 后台供管理员登录，登录时需先验证前台用户名是否登录
2	版块模块	前台分类列表显示版块 后台可增加、删除、修改版块信息，增、删版主
3	帖子模块	用户发表编辑帖子，回复帖子 版主可锁帖、改帖、移帖、删帖、加精、置顶
4	广告模块	前台在广告位置上显示广告 后台对广告进行管理
5	友情链接模块	前台分类显示 LOGO 链接和文字链接 后台对友情链接进行增、删、改操作

表 6-17　功能需求点列表

编号	功能名称	模块编号	功能描述	输入内容	输出内容
1.1	用户登录	1	保证所有系统的合法用户通过身份验证进入系统进行操作	用户名、密码、验证码	用户登录状态
1.2	用户注册	1	对用户名进行检测，信息通过检测之后成为本系统的用户	用户名、密码、性别、QQ、E-mail、电话等基本信息	注册的结果（提示用户"注册成功"或者"注册失败"）
1.3	修改个人信息	1	用户可以根据自己当前的情况修改个人的信息	要修改的信息	提示修改的结果（"修改成功"或者"修改失败"）
1.4	后台登录	1	仅管理员能够登录后台	后台用户名、密码、前台的用户名	提示后台登录是否成功
2.1	添加版块	2	管理员添加版块，设置版主	版块相关信息	版块列表
2.2	编辑版块	2	管理员修改版块信息	版块相关信息	提示是否编辑成功
2.3	删除版块	2	管理员删除版块		提示版块删除成功，或者版块删除失败
3.1	发表（回复）帖子	3	用户可以根据自己的需要发布帖子，或回复已存在话题	用户的言论	用户的言论
3.2	浏览帖子	3	用户可以浏览任意一个版块的帖子	单击选择任一话题帖	该话题帖及所有回复帖子
3.3	删除帖子	3	管理员或版主删除违规帖子	"删除"命令	显示删除结果
3.4	编辑帖子	3	用户可以根据自己的需要修改曾经发过的帖子	输入想修改的内容	显示修改过的内容
3.5	帖子加精	3	管理员或版主可将好的话题帖加精	"加精"命令	帖子名称前方显示加精图标
3.6	帖子置顶	3	管理员或版主对于重要的话题帖置顶，总是处于最上方	"置顶"命令	帖子名称前方显示置顶图标
4.1	添加广告	4	管理员选择已有的广告位置发布广告	广告名称、提示语、广告图片的 URL 地址	添加的内容，前台相应的广告位置显示广告
4.2	删除广告	4	清空已发布的某广告	"删除"命令	原广告不再存在
5.1	添加友情链接	5	友情站长可在前台申请友情链接，等待该论坛管理员的验证	友情站的相关信息	显示友情站的 LOGO，即可跳转到友情站
5.2	编辑友情链接	5	管理员验证友情链接信息，也可进行适应的修改	友情链接信息	显示更新后的相关信息。通过验证的在前台显示
5.2	删除友情链接	5	对于不合格的友情链接进行清理	"删除"命令	显示删除结果："删除成功"或者"删除失败"

4．目标系统性能需求（Performance of Target System）

4.1 时间需求（Time Request）

（1）查询的最长等待时间不超过 5 秒。

（2）更新信息的时间不超过 3 秒。

（3）数据上传和下载的时间不超过 10 秒。

4.2 空间需求（Space Request）

（1）支持的终端数：不超过 1000。

（2）支持的并行操作的使用者数：不超过 300。

（3）处理的记录数：1000。

5．目标系统界面与接口需求（Interface of Target System）

5.1 界面需求（Interphase Requirement）

论坛的界面遵循方便、简洁、美观、大气、可操作性强的风格，根据用户描述，界面的设计大致如图 6-5 和图 6-6 所示。

5.2 接口需求点列表/接口模型（Interface Requirement/Interface Model）

无接口。

6．目标系统其他需求（Other Requirement of Target System）

6.1 安全性（Security）

（1）还没有登录的用户只有浏览帖子的权限，不能发帖，不能查看用户资料。普通用户也没有查看用户资料的权限，没有修改和删除论坛信息的权限。

（2）管理链接只有管理员用管理账号在前台登录后才能看到。

（3）任何等级的用户登录时需要填写正确的验证码，旨在防止论坛灌水机。

（4）任何用户不能直接输入后台管理的 URL 地址，否则弹出警告窗，并自动转向非法登录页面。仅有合法的管理员在前台登录后，再在后台登录界面顺利通利登录，才可以进行论坛后台管理。

6.2 可靠性（Dependability）

设计过程充分考虑恶意代码等非法入侵行为，尽量达到安全性最高。

7.目标系统假设与约束条件（Suppose and Restriction of Target System）

7.1 硬件环境

建议硬盘空间：1 GB（包括搭建系统运行环境所需的软件占用空间）。

建议内存：256 MB（推荐 512 MB 或更高）。

建议 CPU：1.4 GHz（推荐 2.0 GHz 或更高）。

网络环境：广域网或局域网均可。因为网络速度会影响访问该论坛系统的速度，所以建议使用宽带网。

7.2 软件环境

操作系统：Microsoft Windows XP 或更高版本。

数据库系统：MySQL 5.1。

其他支持软件：JDK 1.5 + Tomcat 5.5.15。

对不起，你还没有〖 注册 〗或〖 登录 〗，因此无法看到用户资料管理菜单

广告专区

欢迎访问 **冰鱼论坛**，您还没有〖 注册 〗或〖 登录 〗

用户名：[　　　] 验证码：[　　　] *4829*

密　码：[　　　] Cookie：[不保存 ▾]

[登　录] [重　填] 『 忘记密码 』

论坛基本情况模块

☐ 校园生活

师大的ＧＧＭＭ ▷无病呻吟的人儿啊～～来这里发飙吧～～ 版主：龙龙	主题： 发帖： 日期： TODAY null TOPIC null POST null	
情感专区 ▷情感越过时空的界线，你我相聚在这里。曾经伤心的你，今天还好吗？！ 版主：龙龙	主题： 发帖： 日期： TODAY null TOPIC null POST null	
师大婚介所 ▷哀莫的人们啊……表害羞…… 版主：龙龙	主题： 发帖： 日期： TODAY null TOPIC null POST null	
美食窝棚 ▷食...乃口中的幸福...也能像爱一样甜蜜... 版主：小龙	主题： 发帖： 日期： TODAY null TOPIC null POST null	
女人.com ▷这里是美女的世界！！！想进来吗？想进来吗？？想进来就快点吧！ 版主：龙龙	主题： 发帖： 日期： TODAY null TOPIC null POST null	

☐ 交流区

两岸三地，中华文化 ▷五湖四海，其实我们都是龙的传人 版主：小龙	主题： 发帖： 日期： TODAY null TOPIC null POST null	
天籁之间 ▷有一种音乐，能让人听了心碎，石头听了也流泪 版主：龙龙	主题： 发帖： 日期： TODAY null TOPIC null POST null	
计算机专区 ▷各位达人菜鸟们，你们的天堂在这里 版主：小龙	主题： 发帖： 日期： TODAY null TOPIC null POST null	
创业经验 ▷我们只是大学生吗，其实我们都渴望成功，我们并不只是一个大学生 版主：龙龙	主题： 发帖： 日期： TODAY null TOPIC null POST null	

-=> 友情论坛　　[申请友情链接]

对不起，你还没有〖 注册 〗或〖 登录 〗，因此无法看到用户资料管理菜单

图 6-5　论坛首页

· 154 ·

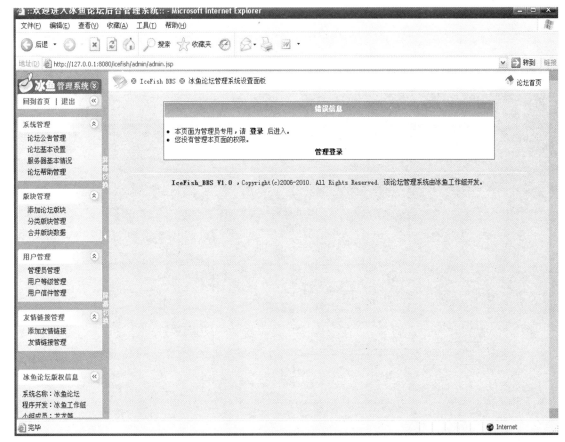

图 6-6　后台管理界面

6.3　系统设计

6.3.1　开发环境和运行环境

目前的 Java EE 应用开发环境分为两大类：基于命令行的开发环境和集成开发环境。

基于命令行的开发环境利用简单的文本编辑工具编写程序代码，并使用 Java 命令进行编译、发布、运行。这种开发方式对于开发人员要求较高，而且比较烦琐、容易出错。

目前使用最广泛的是集成开发环境，常见的有 Borland 公司的 JBuilder、IBM 公司的 WSAD、Sun 公司的 SUNone Studio 等，但这些集成开发环境价格昂贵，且运行时对硬件配置要求较高。

我们使用开源的免费集成开发环境 Eclipse 来开发论坛。论坛的测试、部署和运行还需要 Web 服务器的支持，这里选择使用开源免费的 Tomcat。采用 MySQL 作为数据库服务器。

整个系统环境配置包括：JDK+Eclipse+Tomcat+MySQL。读者可以从它们的官网下载最新版本。

安装过程：先安装 JDK，可以选择目标安装位置，其他步骤按默认选项进行；再安装 Tomcat 和 MySQL，按照默认选项进行；最后安装 Eclipse，直接从官方网站下载压缩包后解压，第一次运行时会自动找出系统中适合 Eclipse 运行的 Java 环境。

6.3.2　整体架构设计

Java 是一门面向对象的编程语言，用来编写各种应用程序。Java EE 是一种体系结构，而不是一门编程语言。Java EE 是一个标准中间件体系结构，旨在简化和规范分布式多层企业应用系统的开发和部署。图 6-7 为 Java EE 多层体系结构，包括客户层、表示逻辑层、业务逻辑层和企业信息系统层。Java EE 体系结构的实施显著提高了企业应用系统的可移植性、安全性、可伸缩性、负载平衡和可重用性。

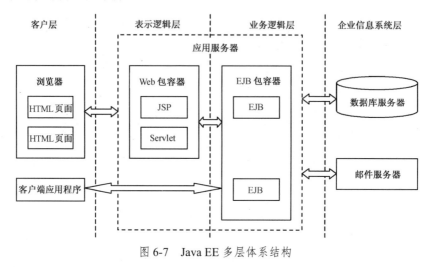

图 6-7　Java EE 多层体系结构

Java EE 架构开发应用系统主要有两种类型：Model1 和 Model2。

Model1 为三层体系结构，以 JSP 为中心进行开发，在 JSP 页面中同时实现显示、业务逻辑和流程控制。这种开发模式便于掌握且开发快速，然而从软件工程化的角度来看，它存在着一些不足之处：

① 由一组 JSP 页面实现一个业务流程，在进行改动时要同时改进多个地方，不便于应用的扩展和升级。

② 业务逻辑和表示逻辑混合在 JSP 页面中，不利于应用系统业务的重用和改动。

③ 对于大型应用程序，随着后期开发的进行，JSP 会变得臃肿，应用系统的可维护性会严重恶化。

Model2 是基于 MVC（Model-View-Control）模式的框架，将业务逻辑和表示逻辑分离，具有以下优点：

① 多视图使用同一模型，及时地得到模型数据变化，从而使所有相关联的视图和控制器做到同步。

② 三层各司其职，互不干扰，并且有利于开发的分工。

③ 容易支持新类型的客户端，只需写一个新的视图和控制，就可以连接到现存的业务模型中。

论坛采用 Model2 的 MVC 架构来实现，根据前面的需求分析，设计出论坛系统的总体结构图，如图 6-8 所示。

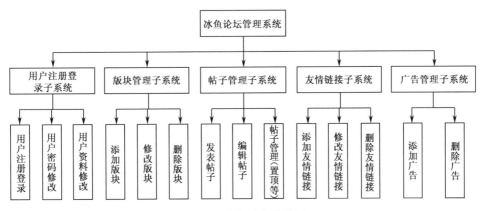

图 6-8　论坛总体结构图

论坛由 5 个子系统构成，注册登录功能模块有所不同，其他子系统或功能模块的处理与实现都是相似的增、删、改、查功能。因此，这里将仔细讨论用户注册登录和版块管理功能。对于帖子管理、友情链接等子系统在这里略去，读者可以参考源代码（见二维码）。

源代码

根据需求分析文档，设计出用户注册登录系统的整体体系结构和版块管理子系统的整体体系结构，均分为 4 层：表示逻辑层、控制逻辑层、数据表示层、数据持久层。

1. "用户注册登录" 子系统

图 6-9 为 "用户注册登录" 子系统的整体体系框架。整个 "用户注册登录" 子系统表示逻辑层主要由 6 个 JSP 页面组成，它们以控制逻辑层的 Servlet 为核心。

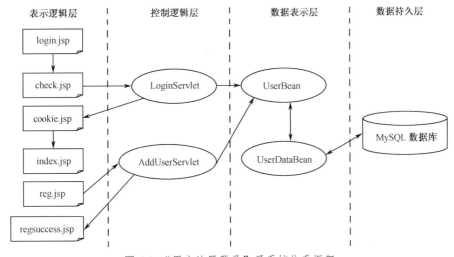

图 6-9　"用户注册登录" 子系统体系框架

表示逻辑层和控制逻辑层之间的控制流程为：通过 login.jsp 登录，然后在 check.jsp 页面进行验证码验证。若验证码错误，则返回 login.jsp 重新登录；若验证码正确，则交给 LoginServlet 处理登录信息，检验用户名和密码是否同时正确。若登录成功，则处理用户所选择的 cookie.jsp 期限，然后返回论坛系统首页 index.jsp，并将用户信息显示在首页的用户信息栏上；若登录失败，则弹出失败提示窗口，并转向未登录状态的首页 index.jsp。如果用户尚未注册，则必须先通过 reg.jsp 页面进行注册。注册的时候，论坛会提示用户检验所要注册的用户名是否已经存在。注册信息将转交 AddUserServlet 处理，若注册成功，则返回注册成功提示信息页面 regsuccess.jsp。

整个"用户注册登录"子系统的 MVC 模式设计如下：对于注册功能，在 AddUserServlet 中利用 request 获取从 reg.jsp 页面表单传递过来的用户信息，然后传递给 UserBean 进行用户信息封装，接着 AddUserServlet 调用已经封装了所有的数据库操作语句的 UserDataBean，将用户信息添加进数据库，最后 AddUserServlet 根据 UserDataBean 返回的信息添加结果（成功或失败），作出判断。若成功，则系统转向注册成功页面，否则显示失败原因，提示用户重新注册。对于登录功能，同样是 LoginServlet 获取 login.jsp 中表单信息后传递给 UserBean 进行封装，再由 UserDataBean 查询判断用户信息是否与数据库中信息一致，最后由 LoginServlet 根据结果做出页面转向。

2."版块管理"子系统

"版块管理"子系统的体系框架如图 6-10 所示。

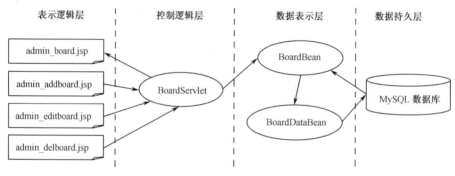

图 6-10　"版块管理"子系统体系框架

"版块管理"子系统用 MVC 模式设计出来的流程如下：管理员在 View 层（视图层）JSP 页面中输入版块相关信息后，由 Control 层（控制层）中的 BoardServlet 利用 request 获取 JSP 页面中表单版块相关信息并判断 action 的行为（增、删、改、查），再传递给 Model 层（模型层）的 BoardBean 进行版块信息封装，接着 BoardServlet 再调用模型层中已封装了所有 SQL 语句 BoardDataBean 中相应的方法对数据库进行相应操作。

由以上流程可以看出，MVC 设计模式的一个明显优点是，三个层次各司其职，互不干扰。View 层（JSP 页面）负责在界面上表现，通过 Model（模型）访问企业数据并指定这些数据的显示。Control 层（Scrvlet）负责处理与视图的交互，并转化成模型执行的动作，用户可以通过按钮或菜单等，提交 Web 应用中的 GET 和 POST HTTP 请求。Model 层（JavaBean）负责实现业务逻辑的封装，分离了后台业务逻辑和前台表示逻辑，提高了程序的可维护性。另外，MVC 模式有利于软件开发中的分工，擅长网页界面设计的美工可以负责 View 层，而不必熟悉 Java，熟悉 Java 的程序员主要负责 Control 层和业务逻辑层。这样的分工合作能达到开发资源的最优配置，充分发挥每个人的专长。

上面详细介绍了如何设计和构建 MVC 模式的应用系统。读者完全可以根据这两个子系统的例子，实现其他子系统的体系架构的设计，也可以参考后面的系统设计文档。

6.3.3　数据库设计

论坛通过数据库连接中间件 JDBC，来访问数据库。

几乎在所有的 Web 应用程序都要访问存储在数据库中的信息，Java EE 提供了一个标准接口 JDBC 来进行数据库的访问操作。要利用 JDBC 访问数据库，必须在机器上安装一个数据库管理系统，并将数据库的 JDBC 驱动程序添加到 Java EE 应用服务器的 Java 编译器路径中。论坛采用的是 MySQL 数据库管理系统，因此需要 MySQL 的驱动程序，该论坛系统所用的驱动程序为 mysql-connector-java-3.1.12-bin.jar，读者可以从网站 http://download.sourceforge.net 下载。再将该驱动程序复制到 Tomcat_Home（Tomcat 的安装目录）下的 common\lib 文件夹下即可。由于 MySQL 并没有提供界面操作，对于许多人来说，靠输入 SQL 命令来访问数据库十分不方便，为此可以安装数据管理工具 MySQL-front，或者 MySQL 官方提供的 MySQL Query Browser 工具，这些工具的特点就是可视化，使 MySQL 管理变得较为简单。注意，数据库管理本身并不是一件容易的事情，通过可视化界面管理可让操作简单方便。

搭建好数据库开发环境，接着进行系统数据库设计。注意，在系统开发过程中应先进行数据库概念设计，后选择数据库管理系统，最后进行数据库物理设计。由于后面的系统设计文档中包含有详细的数据库结构设计及表与表之间关系的图解，因此这里不再重复给出，请读者阅读后面的《概要设计说明书》。

设计好系统数据库后，便可以通过使用 MySQL-Font 管理工具创建论坛的数据库。具体步骤如下。

1．启动 MySQL 数据库服务器

在"开始"菜单中选择"运行"命令，在弹出的"运行"对话框中输入"services.msc/s"，如图 6-11 所示，单击"确定"按钮，打开系统服务；在"服务"窗口中找到"MySQL"项，如图 6-12 所示，单击右键，在弹出的快捷菜单中选择"启动"命令，启动 MySQL 服务。

图 6-11　"运行"对话框

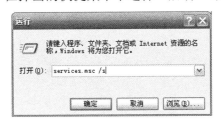

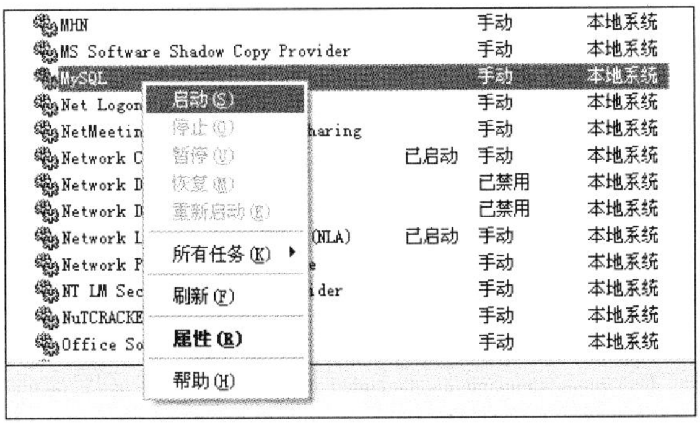

图 6-12　启动 MySQL 服务

2．创建论坛的数据库

打开数据库管理工具 MySQL-Front，如图 6-13 所示，单击"SQL 编辑器"按钮，复制并执行论坛的 SQL 脚本，系统数据库就创建完成了。

图 6-13　利用 SQL 脚本创建论坛

论坛的数据库脚本如程序 6-1 所示。

程序 6-1　icefish.sql

```
/* 创建数据库 icefish */
drop database if exists icefish1;
CREATE DATABASE icefish1 DEFAULT CHARACTER SET gb2312;
use icefish1;
/*创建管理员表 icefish_admin*/
CREATE TABLE icefish_admin (
    admin_id int(11)  auto_increment PRIMARY KEY,
    admin_name char(50) ,
    admin_password char(25) ,
    admin_user char(50)
);
/* 创建论坛版块管理表 icefish_board */
CREATE TABLE icefish_board (
    board_id int(11)  auto_increment PRIMARY KEY,
    board_isMother ENUM("true","false") DEFAULT 'false',         /* 是否为主版块 */
    board_bid int(11) ,
    board_name char(50) ,
    board_info text ,
    board_master char(50),
    board_img char(100),
    board_postnum int(11),
```

```
    board_topicnum int(11),
    board_todaynum int(11),
    board_lastreply int(11)                                          /* 最新回复帖的 ID */
);
/* 创建友情链接表 icefish_link */
CREATE TABLE icefish_link (
    link_id int(11) auto_increment PRIMARY KEY,
    link_name char(50) ,
    link_url char(100) ,
    link_info text,
    link_logo char(100),
    link_islogo enum('true','false') NOT NULL default 'false',
    link_pass enum('true','false') NOT NULL default 'false'
);
/* 创建帖子管理表 icefish_post */
CREATE TABLE icefish_post (
    post_id int(11) auto_increment PRIMARY KEY,
    post_boardid int(11) ,
    post_user char(50) ,
    post_topicid int(11),
    post_replyid int(11),
    post_content text,
    post_time datetime ,
    post_edittime datetime,
    post_ip char(15)
);
/* 创建话题管理表 icefish_topic */
CREATE TABLE icefish_topic (
    topic_id int(11) auto_increment PRIMARY KEY,
    topic_boardid int(11) ,
    topic_user char(50) ,
    topic_name char(100) ,
    topic_time datetime ,
    topic_hits int(11),
    topic_replynum int(11),
    topic_lastreplyid int(11),
    topic_top ENUM("false","true") DEFAULT 'false',                  /* 是否为置顶帖 */
    topic_best ENUM("false","true") DEFAULT 'false',                 /* 是否为精华帖 */
    topic_del ENUM("false","true") DEFAULT 'false',                  /* 是否为删除帖 */
    topic_hot ENUM("false","true") DEFAULT 'false'                   /* 是否为热门帖 */
);
/* 创建用户管理表 icefish_user */
CREATE TABLE icefish_user (
    user_id int(11) auto_increment PRIMARY KEY,
    user_name char(50) ,
    user_password char(100),
    user_sex char(2),
    user_birthday datetime,
    user_QQ int(11),
```

```
    user_Email char(50),
    user_tel char(50),
    user_face char(100),
    user_sign text,
    user_grade char(50),
    user_mark int(11),
    user_topic int(11),
    user_wealth int(11),
    user_post int(11),
    user_group char(50),
    user_lastip char(15),
    user_delnum int(11),
    user_friends text,
    user_regtime datetime,
    user_lasttime datetime,
    user_locked ENUM("false","true")  DEFAULT 'false',       /* 用户是否被锁定 */
    user_admin ENUM("false","true")  DEFAULT 'false',        /* 是否为后台管理员 */
    user_password_a char(100),
    user_password_q char(100),
    user_age int(11),
    user_secondname char(50),
    user_truename char(50),
    user_blood char(10),
    user_shengxiao char(10),
    user_nation char(50),
    user_province char(50),
    user_city char(50)
);
```

6.3.4 设计文档

概要设计文档的制作格式，见参考文献[1]。

冰鱼论坛管理系统

概要设计说明书（Architectural Design Specification）

1. 导言（Introduction）

1.1 目的（Purpose）

本文档以《IceFish BBS 需求规格说明书》作为基准，对系统进行概要设计。文档的规范设计不仅作为详细设计阶段的参考资料，也为后期的编码、测试等提供参考。

1.2 范围（Scope）

本文档用于软件设计阶段的概要设计，依据的基线是《IceFish BBS 需求规格说明书》，下游是《IceFish BBS 详细设计说明书》，并为其提供测试的依据。

1.3 命名规则（Naming Rule）

功能命名规则：动词 + 名词形式。

数据库表命名规则：系统简称 + "_" + 名词。

1.4 术语定义（Terms Glossary）

总体结构：软件系统的总体逻辑结构。本系统采用面向对象的设计方法设计系统。

概念数据模型（CDM）：关系数据库的逻辑设计模型，主要表现为 E-R 图。

物理数据模型（PDM）：关系数据库的物理设计模型。

1.5 参考资料（References）

【1】《IceFish BBS 需求规格说明书》。

【2】赵池龙等编著. 实用软件工程（第 5 版）. 电子工业出版社，2020.

1.6 相关文档（Related Documents）

【1】《IceFish BBS 需求规格说明书》。

【2】《IceFish BBS 详细设计说明书》。

【3】源程序清单列表。

1.7 版本更新记录（Version Updated Record）

版本更新记录如表 6-18 所示。

表 6-18　版本更新记录

版 本 号	创 建 者	创建日期	维 护 者	维护日期	维护纪要
V2.0	王冬龙	2019/07/01	—	—	—

2. 总体设计（Design of Collective）

2.1 总体结构设计（Design of Collective Structure）

本系统的总体结构如图 6-14 所示。

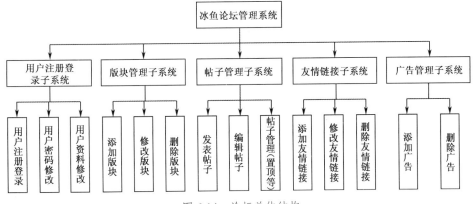

图 6-14　论坛总体结构

2.2 运行环境设计（Design of Running Environment）

本系统的运行环境如下。

软件平台：

（1）操作系统：Windows XP/Windows 7 或更高版本。

（2）数据库：MySQL 5.0。

（3）Web 容器：Tomcat 5.5.x 或更高 + JDK 1.4 或更高。

硬件平台：

（1）P3，或更高档的 PC 台式机，或笔记本电脑，建议使用独立的应用服务器。

（2）磁盘空间容量：512 MB 或更高。

（3）内存：256 MB 以上。

（4）其他：鼠标、键盘。

2.3 子系统清单（Subsystem List）

本系统分为 5 个子系统，如表 6-19 所示。

表 6-19　子系统清单

子系统编号	子系统名称	子系统功能简述
SS1	用户模块	① 用户登录，注册 ② 用户资料管理：密码修改，用户信息管理（头像、签名等） ③ 管理员进入后台还需要进行后台验证登录（有后台登录界面）
SS2	版块模块	① 前台列表版块显示 ② 后台有专门的版块管理（增、删、改、查）
SS3	帖子模块	① 用户必须登录方可发表帖子 ② 版主或管理员进行帖子管理：置顶、加精、删除等
SS4	友情链接模块	① 前台可供别的网站站长来这里申请友情链接 ② 后台友情链接管理，验证前台所提交的友情链接（增、删、改、查）
SS5	广告模块	① 前台在广告位置上显示所添加的广告 ② 后台管理广告

2.4 功能模块清单（Function Module List）

功能模块清单如表 6-20 所示。

表 6-20　功能模块清单

编号	名称	功能描述
M1-1	用户登录	保证只有系统的合法用户通过身份验证进入系统并进行操作
M1-2	用户注册	对用户的用户名进行检测，信息通过检测者便成为本系统的用户
M1-3	修改个人信息	用户可以根据自己当前的情况修改自身信息
M1-4	后台登录	仅管理员能够登录后台
M2-1	添加版块	管理员添加版块，设置版主
M2-2	修改版块信息	管理员修改版块信息
M2-3	删除版块	管理员删除版块
M3-1	发表（回复）帖子	用户可以根据自己的需要发布帖子，或回复已存在话题
M3-2	浏览帖子	用户可以浏览任意一个版块的帖子
M3-3	删除帖子	管理员可以根据一些规定删除不必要的帖子
M3-4	修改帖子	用户可以根据自己的需要修改曾经发过的帖子
M3-5	帖子加精	管理员或版主可将好的话题帖加精
M3-6	帖子置顶	管理员或版主对于重要的话题帖置顶，总是处于最上方
M6-1	添加友情链接	友情站长可在前台申请友情链接，等待该论坛管理员的验证
M6-2	编辑友情链接	管理员验证友情链接信息，也可进行适应的修改
M6-3	删除友情链接	对于不合格的友情链接进行合理清理
M5-1	添加广告	管理员添加广告
M5-2	删除广告	管理员删除一些不必要的广告

3．功能设计（Function Design）

本系统按照 MVC 模式来设计，图 6-15 和图 6-16 展示了 MVC 模式的实现过程。

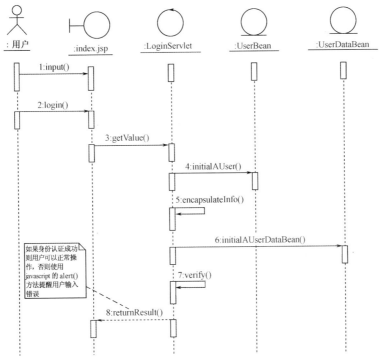

图 6-15　用户注册登录系统时序图

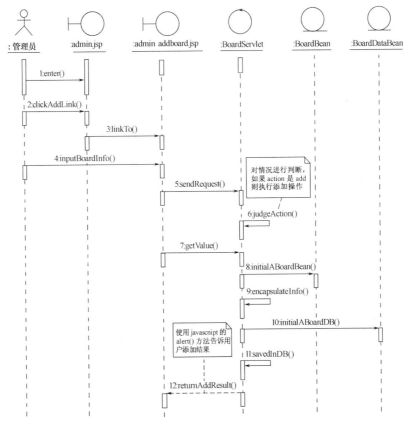

图 6-16　添加版块时序图

4．数据结构设计（Design of Data Structure）

4.1 数据库表名清单（DB Table List）

数据库表名清单如表6-21所示。

表6-21 论坛系统数据库表清单

表　名	说　　明	表　名	说　　明
Icefish_admin	管理员表	Icefish_post	帖子管理表
Icefish_board	论坛版块管理表	Icefish_topic	话题管理表
Icefish_link	友情链接管理表	Icefish_user	会员管理表

4.2 数据库表之间关系说明（Relation of DB Table）

数据表之间的关系如图6-17所示。

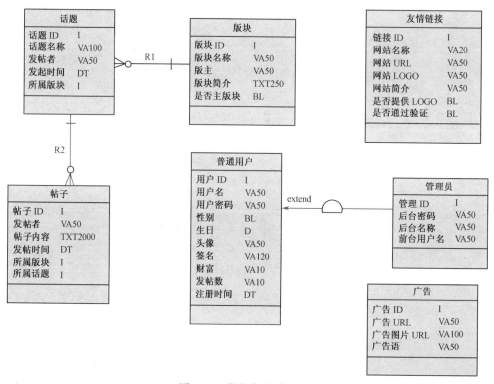

图6-17 数据表关系 CDM

4.3 数据库表的详细清单（Particular List of DB Table）

各数据表的详细清单如表6-22～表6-28所示

表6-22 用户信息表 icefish_user

序号	字段英文名	字段中文名	数据类型	允许为空	PK/FK
1	user_id	用户 id 号	int(11)		PK
2	user_name	用户名	char(50)		
3	user_password	密码	char(100)		
4	user_sex	性别	char(2)		
5	user_birthday	生日	datetime		
6	user_QQ	QQ	int(11)		
7	user_Email	E-mail	char(50)		

序号	字段英文名	字段中文名	数据类型	允许为空	PK/FK
8	user_tel	电话或手机	char(50)		
9	user_face	头像地址	char(100)		
10	user_sign	个人签名	text		
11	user_grade	用户等级	char(50)		
12	user_mark	积分	int(11)		
13	user_topic	发表话题总数	int(11)		
14	user_wealth	用户财富	int(11)		
15	user_post	发表帖子总数	int(11)		
16	user_group	所属门派	char(50)		
17	user_lastip	最后登录 IP	char(15)		
18	user_delnum	被删帖子总数	int(11)		
19	user_friends	好友名单	text		
20	user_regtime	注册时间	datetime		
21	user_lasttime	上次访问时间	datetime		
22	user_locked	状态判断，用户是否被锁定	enum('false', 'true')		
23	user_admin	管理员身份判断	enum('false', 'true')		
24	user_password_a	取回密码答案	char(60)		
25	user_password_q	取回密码提问	char(60)		
26	user_age	年龄	int(11)		
27	user_secondname	用户昵称	char(50)		
28	user_truename	真实名字	char(50)		
29	user_blood	血型	char(10)		
30	user_shengxiao	生肖	char(10)		
31	user_nation	民族	char(50)		
32	user_province	省份	char(50)		
33	user_city	城市	char(50)		

表 6-23　管理员信息表 icefish_admin

序号	字段英文名	字段中文名	数据类型	允许为空	PK/FK
1	admin_id	管理员 id	int(11)		PK
2	admin_name	管理员的名字	char(50)		
3	admin_password	管理员密码	char(25)		
4	admin_user	管理员前台用户名	char(50)		

表 6-24　版块信息表 icefish_board

序号	字段英文名	字段中文名	数据类型	允许为空	PK/FK
1	board_id	版块 id	int(11)		PK
2	board_idMother	是否为主版块	enum('true', 'false')		
3	board_bid	所属主版块	int(11)		
4	board_name	版块名称	char(50)		
5	board_info	版块说明	mediumtext		
6	board_master	版主	varchar(100)		
7	board_img	版块 LOGO	char(100)		

序号	字段英文名	字段中文名	数据类型	允许为空	PK/FK
8	board_postnum	版块帖子数	int(11)		
9	board_topicnum	版块主题总数	int(11)		
10	board_todaynum	版块当日发帖数	int(11)		
11	board_lastreply	版块最新回复	int(11)		

表 6-25　话题表 icefish_topic

序号	字段英文名	字段中文名	数据类型	允许为空	PK/FK
1	topic_id	话题 id	int(11)		PK
2	topic_boardid	话题所属版块	int(11)		
3	topic_user	发帖者	char(50)		
4	topic_name	话题名称	char(100)		
5	topic_time	话题发表时间	datetime		
6	topic_hits	话题浏览量	int(11)		
7	topic_replynum	话题回复量	int(11)		
8	topic_lastreplyid	最后回复者	int(11)		
9	topic_top	是否置顶	enum('false', 'true')		
10	topic_best	是否加精	enum('false', 'true')		
11	topic_del	是否已被删帖	enum('false', 'true')		
12	topic_hot	是否热门话题	enum('false', 'true')		

表 6-26　帖子表 icefish_post

序号	字段英文名	字段中文名	数据类型	允许为空	PK/FK
1	post_id	帖子 id	int(11)		PK
2	post_boardid	帖子所属版块	int(11)		
3	post_user	发帖者	char(50)		
4	post_topicid	所属话题 ID	int(11)		
5	post_replyid	所回复话题 ID	int(11)		
6	post_content	帖子内容	text		
7	post_time	发表时间	datetime		
8	post_edittime	重新编辑时间	datetime		
9	post_id	发帖者所在 IP 地址	char(15)		

表 6-27　友情链接表 icefish_link

序号	字段英文名	字段中文名	数据类型	允许为空	PK/FK
1	link_id	友情链接 id	int(11)		PK
2	link_name	网站名称	char(30)		
3	link_url	网站 URL	char(50)		
4	link_info	网站简介	char(100)		
5	link_logo	LOGO 地址	char(100)		
6	link_islogo	是否有 LOGO	enum('false', 'true')		
7	link_ispass	是否通过本论坛验证	enum('false', 'true')		

表 6-28　论坛广告表 icefish_ad

序号	字段英文名	字段中文名	数据类型	允许为空	PK/FK
1	ad_id	广告 id，代表不同的广告位置	int(11)		PK
2	ad_url	广告链接 URL	char(50)		
3	ad_img	广告图片 URL	char(100)		
4	ad_title	广告语	char(50)		

到此为止，概要设计完成。

下面进入详细设计阶段。详细设计是将概要设计的框架内容具体化、细致化，提供模块功能的实现方法，对数据处理中的顺序、选择、循环三种控制结构，用伪语言（如 if-endif、case-endcase、do-enddo 等）或程序流程图表示出来。由于篇幅有限，这里就不提供《详细设计说明文档》了。但是详细设计阶段所涉及的控制结构处理和程序流程设计等细节，将在后面的系统代码实现中反映。

6.4　代码实现

本节将重点讲解"用户注册登录"和"版块管理"子系统的实现。对于其他功能模块的实现，读者可以参考从 http://www.huaxin.edu.cn 下载的源代码。

6.4.1　系统目录结构

在系统实现前，必须先了解 Java EE 应用的目录结构。本节以论坛的目录结构作为例讲解，如图 6-18 所示。

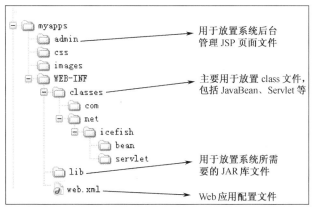

图 6-18　论坛目录

由图 6-18 可以看出，论坛的结构清晰、合理，在 Web 应用根目录下建立了 admin 文件夹，存放所有的后台管理 JSP 页面，将前台与后台分离，方便系统的开发和管理。css 和 images 文件夹用于存放论坛系统美工方面的 CSS 文件和图片。

当然，所有的 Web 应用程序都有 WEB-INF 文件夹，且由于 Tomcat 对大小写的敏感，该文件夹名必须使用英文字母大写形式。WEB-INF 文件夹下的 web.xml 是 Web 应用配置文件，一般用来配置 Servlet 和标记库。lib 文件夹用于存放 Web 应用所需要的 JAR 库文件,而 classes 文件夹用于存放所有的 Java 程序(JavaBean 和 Servlet 等)。

6.4.2 数据库连接实现

论坛经常要访问存储在数据库中的信息,几乎所有的功能操作都需要对数据库的访问操作,因此先要建立与数据库的连接。从代码重用的角度出发,该系统实现了公用的数据库连接类,以备其他 Java 程序直接调用。Conn.java 连接的完整代码如程序 6-2 所示。

程序 6-2 conn.java(数据库连接类)

```java
package net.icefish.bean;
import java.sql.*;
public class Conn {
    public Conn() {
        try {
            Class.forName("com.mysql.jdbc.Driver").newInstance();    // 注册驱动程序
        }
        catch(Exception e) {
            System.out.print(e.toString());
        }
    }
    public static Connection connection() {
        Connection conn=null;
        try {
            String url="jdbc:mysql://127.0.0.1:3306/icefish";    // JDBC URL
            String user="root";                                  // 设置用户名
            String password="admin";                             // 设置密码
            conn=DriverManager.getConnection(url,user,password); // 建立连接
        }
        catch(SQLException e){
            System.out.print(e.toString());
        }
        return conn;
    }
}
```

6.4.3 用户注册和登录功能的实现

1. 用户注册功能

用户注册功能利用 MVC 设计模式实现。其中的 View(视图层)由 3 个 JSP 页面组成,分别为 reg.jsp、adduser.jsp、regsuccess.jsp。reg.jsp 文件显示论坛注册协议,只有同意该协议才能进入下一步的注册页面 adduser.jsp。用户信息注册页面 adduser.jsp 主要由一个表单 Form 组成,该表单 Form 利用了 POST 请求方法,将用户信息传递给 Control(控制层)中的 Servlet。如果用户注册成功,则转向 regsuccess.jsp 页面文件,并提示注册成功。如果用户注册失败,依然转向 regsuccess.jsp 页面,不过在该页面上提示的是注册失败的信息。

完整的 View 层代码如程序 6-3~程序 6-5 所示。

程序 6-3　reg.jsp

```
<%@page pageEncoding="gb2312"%>
<%@page contentType="text/html;charset=gb2312" %>
<%@include file="top.jsp" %>
<html>
<head>
    <title>冰鱼论坛——论坛注册条约阅读</title>
    <script Language="Javascript" src="include/form.js"></Script>
</head>
<body style="text-align: center">
<div align=left>>> 欢迎光临 <b>冰鱼论坛</b></div>
<table width="100%" height="30" border="0" bordercolorlight="#7777ff" bordercolordark="#7777ff"
                style="border-collapse:collapse">
    <tr bgcolor="#dff2ed">
    <td><img src="images/skin/1/forum_nav.gif"> <a class=zh href="">冰鱼论坛</a> →
            <a class=zh href="reg.jsp">论坛注册</a> → 注册声明</td>
    </tr>
</table>
<form method="post" name="myform" action="adduser.jsp?reg=apply">
<table width="100%" border="1" bordercolorlight="#7777ff" bordercolordark= "#7777ff"
        style="border-collapse:collapse">
<tr>
    <td height="25" align="center" background="images/skin/1/ bg_td.gif"><b>
        <font color= "#ffffff">服务条款和声明</font></b></td>
</tr>
<tr>
    <td><b>继续注册前请先阅读【冰鱼论坛】论坛协议</b><p>
        欢迎您加入【冰鱼论坛】参加交流和讨论,【冰鱼论坛】为公共论坛,为维护网上公共秩序和社会稳定,请您
自觉遵守以下条款: <p>
一、不得利用本站危害国家安全、泄露国家秘密,不得侵犯国家社会集体的和公民的合法权益,不得利用本站制作、
复制和传播下列信息: <p>
        (一)煽动抗拒、破坏宪法和法律、行政法规实施的;<br>
        (二)煽动颠覆国家政权,推翻社会主义制度的;<br>
        (三)煽动分裂国家、破坏国家统一的;<br>
        (四)煽动民族仇恨、民族歧视,破坏民族团结的;<br>
        (五)捏造或者歪曲事实,散布谣言,扰乱社会秩序的;<br>
        (六)宣扬封建迷信、淫秽、色情、赌博、暴力、凶杀、恐怖、教唆犯罪的;<br>
        (七)公然侮辱他人或者捏造事实诽谤他人的,或者进行其他恶意攻击的;<br>
        (八)损害国家机关信誉的;<br>
        (九)其他违反宪法和法律行政法规的;<br>
        (十)进行商业广告行为的。 <p>
    二、互相尊重,对自己的言论和行为负责。 </td>
</tr>
<tr bgcolor="#dff2ed">
    <td align="center"><input type="submit" value="我接受"></td>
</tr>
</table>
</form>
```

```
</body>
</html>
```

程序 6-4　adduser.jsp

```jsp
<%@page pageEncoding="gb2312"%>
<%@page contentType="text/html;charset=gb2312" %>
<%@include file="top.jsp" %>
<html>
<head>
<title>冰鱼论坛——论坛注册新用户</title>
<script Language="Javascript" src="include/form.js"></Script>
</head>
<body style="text-align: center">
<div align=left>>> 欢迎光临 <b>冰鱼论坛</b></div>
<table width="100%" height="30" border="0" bordercolorlight="#7777ff" bordercolordark="#7777ff"
                style="border-collapse:collapse">
<tr bgcolor="#dff2ed">
    <td><img src="images/skin/1/forum_nav.gif"> <a class=zh href="">冰鱼论坛</a> →
            <a class=zh href="reg.jsp">论坛注册</a> → 注册新用户</td>
</tr>
</table>
<%
    String reg=request.getParameter("reg");
    if(reg!=null) {                       // 先判断变量 reg 必须不为空, 为空代表不同意注册协议, 则不允许注册
        if(reg.equals("apply")){    // reg 必须为 apply, 代表同意协议, 否则不允许注册
%>
<form method="post" name="adduser" action="AddUserServlet">
<table width="100%" vlign="center" border="1" bordercolorlight="#7777ff"
                    bordercolordark="#7777ff" style="border-collapse:collapse">
<tr>
    <td colspan="2" height="25" align="center" background="images/skin/1/ bg_td.gif"><b>
                <font color="#ffffff">新用户注册</font></b></td>
</tr>
<tr bgcolor="#dff2ed">
    <td width="40%" height="35"><b>用户名: </b><br>注册用户名长度限制为 0—50 字节</td>
    <td> <inputtype="text"name="user_name"size="24"maxlength="50"> 
            <input name="Submit3" type="button" value="检测用户名" onClick= CheckUser()> </td>
</tr>
<tr>
    <td width="40%" height="35"><b>性　别: </b><br>请选择您的性别</td>
    <td> <input type="radio" name="user_sex" value="男" checked><img src="images/male.gif">
            帅哥    <input type="radio" name= "user_sex" value= "女">
            <img src="images/female.gif">美女</td>
</tr>
<tr bgcolor="#dff2ed">
    <td width="40%" height="35"><b>密　码: (至少六位) </b><br>请输入密码, 区分大小写。请不要使用任
                何类似 '*'、' ' 或 HTML 字符</td>
    <td> <input type="password" name="user_password" size="26" maxlength="50"></td>
</tr>
```

```
<tr>
    <td width="40%" height="35"><b>确认密码：（至少六位）</b><br>请再次输入密码以便确认</td>
    <td> <input type="password" name="user_password2" size="26" onchange=CheckPass()></td>
</tr>
<tr bgcolor="#dff2ed">
    <td width="40%" height="35"><b>密码问题：</b><br>请输入忘记密码的提示问题</td>
    <td> <input type="text" name="user_password_q" size="24"></td>
</tr>
<tr>
    <td width="40%" height="35"><b>问题答案：</b><br>忘记密码的提示问题答案，用于取回论坛密码</td>
    <td> <input type="text" name="user_password_a" size="24"></td>
</tr>
<tr bgcolor="#dff2ed">
    <td width="40%" height="35"><b>Email 地址：</b><br>请输入有效的邮件地址，这将使您能用到论坛中的
                所有功能</td>
    <td> <input type="text" name="user_Email" size="24"></td>
</tr>
<tr>
    <td colspan="2" height="25" align="center" background="images/skin/1/ bg_td.gif">
                <input type="submit" value="注册" onclick=CheckReg()>   
                <input type="reset" value="重填"></td>
</tr>
</table>
</form>
<%
    }
    }
    else {
%>
<form method="post" action="reg.jsp">
<table width="100%" border="1" bordercolorlight="#7777ff" bordercolordark= "#7777ff"
                style="border-collapse:collapse">
<tr>
    <td height="25" align="center" background="images/skin/1/bg_td.gif"><b>
                <font color="#ffffff">服务条款和声明</font></b></td>
</tr>
<tr bgcolor="#dff2ed">
    <td height="80" align="center">您没有接受论坛注册的《服务条款和声明》，请返回论坛声明页面接受方能
                进行注册。<p>单击下面的按钮可返回注册声明页面</td>
</tr>
<tr>
    <td height="25" align="center" background="images/skin/1/bg_td.gif">
                <input type="submit" value="返 回"></td>
</tr>
</table>
</form>
<% } %>
</body>
</html>
```

程序 6-5：regsuccess.jsp

```jsp
<%@page pageEncoding="gb2312"%>
<%@page contentType="text/html;charset=gb2312" %>
<%@include file="top.jsp" %>
<html>
<head>
    <title>冰鱼论坛——注册成功</title>
    <script Language="Javascript" src="include/form.js"></Script>
</head>
<body style="text-align: center">
<div align=left>>> 欢迎光临 <b>冰鱼论坛</b></div>
<table width="100%" height="30" border="0" bordercolorlight="#7777ff" bordercolordark="#7777ff"
style="border-collapse:collapse">
<tr bgcolor="#dff2ed">
<td><img src="images/skin/1/forum_nav.gif"> <a class=zh href="">冰鱼论坛</a> →
        <a class=zh href="reg.jsp">论坛注册</a> → 注册成功</td>
</tr>
</table>
<%
    String reg=request.getParameter("reg");
    if(reg!=null) {
        if(reg.equals("ok")) {                        // 若新用户注册成功，则提示恭喜信息
%>
<form method="post" name="adduser" action="index.jsp">
<table width="100%" border="1" bordercolorlight="#7777ff" bordercolordark= "#7777ff"
                style="border-collapse:collapse">
<tr>
    <td height="25" align="center" background="images/skin/1/bg_td.gif"> <b>
                <font color="#ffffff">注册成功：冰鱼论坛欢迎您的到来!</font></b></td>
</tr>
<tr bgcolor="#dff2ed">
    <td height="80" align="center"><a class=zh href="index.jsp"><li>恭喜您！注册成功，请单击
                这里返回论坛首页进行登录。</li></a></td>
</tr>
<tr>
    <td colspan="2" height="25" align="center" background= "images/skin/1/ bg_td.gif"></td>
</tr>
</table>
</form>
<%
        }
    }
    else {
%>
<form method="post" action="reg.jsp">
<table width="100%" border="1" bordercolorlight="#7777ff" bordercolordark= "#7777ff"
                style="border-collapse:collapse">
<tr>
```

• 174 •

```
        <td height="25" align="center" background= "images/skin/1/bg_td.gif"> <b>
                    <font color="#ffffff">注册失败! </font></b></td>
    </tr>
    <tr bgcolor="#dff2ed">
        <td height="80" align="center">您没有成功注册, 原因可能是您注册的用户名已存在, 也可能是您没有
                    正确地提交注册信息。<p>单击下面按钮返回注册声明页面</td>
    </tr>
    <tr>
        <td height="25" align="center" background="images/skin/1/bg_td.gif">
                    <input type="submit" value="返 回"></td>
    </tr>
    </table>
    </form>
<% } %>
</body>
</html>
```

Control（控制层）是一个 AddUserServlet 文件，利用 request 获取 JSP 页面中表单的用户注册信息，并将用户注册信息传递给 Model（模型层）中的 JavaBean 进行封装，再在 Servlet 中调用封装了 SQL 语句的 UserDataBean 文件。

Control 层和 Model 层的完整代码如程序 6-6～程序 6-8 所示。

程序 6-6　AddUserServlet.java

```java
package net.icefish.servlet;
import net.icefish.bean.*;
import java.io.IOException;
import java.io.PrintWriter;
import javax.servlet.*;
import javax.servlet.http.*;
public class AddUserServlet extends HttpServlet {
    public void init(ServletConfig config) throws ServletException {
        super.init(config);
    }
    public void destroy() {
        super.destroy();
    }
    protected void doGet(HttpServletRequest request, HttpServletResponse response)
                                                throws ServletException, IOException {
        doPost(request, response);
    }
    protected void doPost(HttpServletRequest request, HttpServletResponse response)
                                                throws ServletException, IOException {
        response.setContentType("text/html;charset=GB2312");
        request.setCharacterEncoding("GB2312");
        PrintWriter out=response.getWriter();
        HttpSession session=request.getSession(true);
        String user_name=request.getParameter("user_name");       // 获取 JSP 页面的表单中的用户名
        String user_password=request.getParameter("user_password");      // 获取密码
        String user_sex=request.getParameter("user_sex");          // 获取性别
```

```
            String user_password_q=request.getParameter("user_password_q");   // 获取密码问题
            String user_password_a=request.getParameter("user_password_a");   // 获取问题答案
            String user_Email=request.getParameter("user_Email");              // 获取邮箱地址
            // 调用 JavaBean 封装用户注册信息
            UserBean userBean=new UserBean();
            userBean.setUser_Name(user_name);
            userBean.setUser_Password(user_password);
            userBean.setUser_Password_a(user_password_a);
            userBean.setUser_Password_q(user_password_q);
            userBean.setUser_Email(user_Email);
            userBean.setUser_Sex(user_sex);


            // 调用 UserDataBean 操作数据库
            UserDataBean udb=new UserDataBean();
            boolean checkUser=udb.checkUser(userBean);        // 返回用户名检验结果, 查看是否已存在该用户
            if(checkUser) {                                   // 不存在该用户, 则可以使用该用户名进行注册
                boolean result = udb.addUser(userBean);
                if(result) {
                    RequestDispatcher rd = request.getRequestDispatcher ("regsuccess.jsp?reg=ok");
                    rd.forward(request, response);
                }
                else {
                    RequestDispatcher rd = request.getRequestDispatcher ("regsuccess.jsp");
                    rd.forward(request, response);
                }
            }
            else {                                 // 若想注册的用户名已存在, 则转向 JSP 页面提示注册失败信息
                RequestDispatcher rd = request.getRequestDispatcher ("regsuccess.jsp");
                rd.forward(request, response);
            }
        }
    }
}
```

程序 6-7   UserBean.java

```
package net.icefish.bean;
public class UserBean {
    private int user_id;
    private String user_name;
    private String user_password;
    private String user_password_q;
    private String user_password_a;
    private String user_sex;
    private String user_age;
    private String user_QQ;
    private String user_birthday;
    private String user_Email;
    private String user_tel;
    private String user_face;
    private String user_sign;
```

```java
private String user_grade;
private String user_mark;
private String user_topic;
private String user_wealth;
private String user_group;
private String user_post;
private String user_lastip;
private String user_delnum;
private String user_friends;
private String user_regtime;
private String user_lasttime;
private boolean user_admin;
private boolean user_locked;
private boolean user_login;

public UserBean(){                        // 初始化 UserBean 的成员变量
    user_mark="0";
    user_topic="0";
    user_post="0";
    user_wealth="0";
    user_delnum="0";
    user_login=false;
}
// 以下为各属性的 GET 和 SET 方法实现
public int getUser_ID() {
    return user_id;
}
public void setUser_ID(int user_id){
    this.user_id=user_id;
}
public String getUser_Name(){
    return user_name;
}
public void setUser_Name(String user_name){
    this.user_name=user_name;
}
public String getUser_Password(){
    return user_password;
}
public void setUser_Password(String user_password){
    this.user_password=user_password;
}
public String getUser_Password_a(){
    return user_password_a;
}
public void setUser_Password_a(String user_password_a){
    this.user_password_a=user_password_a;
}
public String getUser_Password_q(){
```

```java
        return user_password_q;
    }
    public void setUser_Password_q(String user_password_q){
        this.user_password_q=user_password_q;
    }
    public String getUser_Age(){
        return user_age;
    }
    public void setUser_Age(String user_age){
        this.user_age=user_age;
    }
    public String getUser_Sex(){
        return user_sex;
    }
    public void setUser_Sex(String user_sex){
        this.user_sex=user_sex;
    }
    public String getUser_QQ(){
        return user_QQ;
    }
    public void setUser_QQ(String user_QQ){
        this.user_QQ=user_QQ;
    }
    public String getUser_Birthday(){
        return user_birthday;
    }
    public void setUser_Birthday(String user_birthday){
        this.user_birthday=user_birthday;
    }
    public String getUser_Email(){
        return user_Email;
    }
    public void setUser_Email(String user_Email){
        this.user_Email=user_Email;
    }
    public String getUser_Face(){
        return user_face;
    }
    public void setUser_Face(String user_face){
        this.user_face=user_face;
    }
    public String getUser_Tel(){
        return user_tel;
    }
    public void setUser_Tel(String user_tel){
        this.user_tel=user_tel;
    }
    public String getUser_Sign(){
        return user_sign;
```

```java
    }
    public void setUser_Sign(String user_sign){
        this.user_sign=user_sign;
    }
    public String getUser_Grade(){
        return user_grade;
    }
    public void setUser_Grade(String user_grade){
        this.user_grade=user_grade;
    }
    public String getUser_Topic(){
        return user_topic;
    }
    public void setUser_Topic(String user_topic){
        this.user_topic=user_topic;
    }
    public String getUser_Wealth(){
        return user_wealth;
    }
    public void setUser_Wealth(String user_wealth){
        this.user_wealth=user_wealth;
    }
    public String getUser_Mark(){
        return user_mark;
    }
    public void setUser_Mark(String user_mark){
        this.user_mark=user_mark;
    }
    public String getUser_Group(){
        return user_group;
    }
    public void setUser_Group(String user_group){
        this.user_group=user_group;
    }
    public String getUser_Post(){
    return user_post;
    }
    public void setUser_Post(String user_post){
        this.user_post=user_post;
    }
    public String getUser_LastIP(){
        return user_lastip;
    }
    public void setUser_LastIP(String user_lastip){
        this.user_lastip=user_lastip;
    }
    public String getUser_Delnum(){
        return user_delnum;
    }
```

```java
    public void setUser_Delnum(String user_delnum){
        this.user_delnum=user_delnum;
    }
    public String getUser_Friends(){
        return user_friends;
    }
    public void setUser_Friends(String user_friends){
        this.user_friends=user_friends;
    }
    public String getUser_Regtime(){
        return user_regtime;
    }
    public void setUser_Regtime(String user_regtime){
        this.user_regtime=user_regtime;
    }
    public String getUser_Lasttime(){
        return user_lasttime;
    }
    public void setUser_Lasttime(String user_lasttime){
        this.user_lasttime=user_lasttime;
    }
    public boolean getUser_Admin(){
        return user_admin;
    }
    public void setUser_Admin(boolean user_admin){
        this.user_admin=user_admin;
    }
    public boolean getUser_Locked(){
        return user_locked;
    }
    public void setUser_Locked(boolean user_locked){
        this.user_locked=user_locked;
    }
    public boolean getUser_Login(){
        return user_login;
    }
    public void setUser_Login(boolean user_login){
        this.user_login=user_login;
    }
}
```

程序 6-8　UserDataBean.java

```java
/*
 *  注意，此时的 UserDataBean.java 只实现新用户注册功能
 *  对于用户登录、用户信息修改等代码，将在后面讲解这些功能时作补充
 */
package net.icefish.bean;
import java.sql.*;
import net.icefish.bean.Conn;
```

```java
import net.icefish.bean.UserBean;
public class UserDataBean {
    private Connection conn;
    public UserDataBean(){
        this.conn=Conn.connection();           // 调用 Conn.java 连接数据库
    }
    // 注册时验证用户是否已存在
    public boolean checkUser(UserBean userBean) {
        boolean flag=false;
        String user_name=userBean.getUser_Name();
        Statement stmt=null;
        try{
            stmt=conn.createStatement();
            ResultSet rs=stmt.executeQuery("SELECT * FROM icefish_user \
                                    WHERE user_name='"+user_name+"'");
            if(!rs.next()) {
                flag=true;
            }
            else {
                flag=false;
            }
            rs.close();
            stmt.close();
        }
        catch(SQLException e) {
            flag=false;
            System.out.println(e.toString());
        }
        return flag;           // 返回检验结果，若用户名已存在，则返回 false，否则返回 true
    }
    // 新用户注册
    public boolean addUser(UserBean userBean) {
        boolean flag=false;
        PreparedStatement pstmt1=null;
        try {
            pstmt1=conn.prepareStatement("INSERT INTO icefish_user(user_name,
                user_password,user_password_q,user_password_a,user_sex,user_Email,user_mark,
                user_topic,user_wealth,user_post,user_delnum,user_regtime)
                VALUES(?,?,?,?,?,?,?,?,?,?,?,now())");
            pstmt1.setString(1, userBean.getUser_Name());
            pstmt1.setString(2, userBean.getUser_Password());
            pstmt1.setString(3, userBean.getUser_Password_q());
            pstmt1.setString(4, userBean.getUser_Password_a());
            pstmt1.setString(5, userBean.getUser_Sex());
            pstmt1.setString(6, userBean.getUser_Email());
            pstmt1.setInt(7, 0);
            pstmt1.setInt(8, 0);
            pstmt1.setInt(9, 0);
            pstmt1.setInt(10, 0);
```

```
        pstmt1.setInt(11, 0);
        int result1=pstmt1.executeUpdate();
        if (result1 > 0) {                        // 如果成功插入新用户，则返回 true
            flag = true;
        }
        else{                                     // 添加新用户失败，返回 false
            flag = false;
        }
        pstmt1.close();
        conn.close();
    }
    catch(SQLException e) {
        flag=false;
        System.out.println(e.toString());
    }
    return flag;
    }
}
```

实现 MVC 架构还需要在 web.xml 文件中配置 Servlet 的路径，才能使 Web 应用程序找到正确的 Servlet 文件。web.xml 文件在 Web 应用的 WEB-INF 文件夹下，用记事本打开该文件，在</web-app>的前面加入如程序 6-9 的片段。

程序 6-9　web.xml（片段）

```
<servlet>
    <servlet-name>AddUserServlet</servlet-name>
    <servlet-class>net.icefish.servlet.AddUserServlet</servlet-class>
</servlet>
<servlet-mapping>
    <servlet-name>AddUserServlet</servlet-name>
    <url-pattern>/AddUserServlet</url-pattern>
</servlet-mapping>
```

<servlet>节点用来指明 Servlet 逻辑名称与 Java 实现类之间的对应关系，其中<servlet-name>定义该 Servlet 的唯一名称，<servlet-class>指明该 Servlet 的 Java 文件，<servlet-mapping>指明 Servlet 逻辑名称与 URL 请求地址之间的对应关系，其 URL 地址在<url- pattern>中指明。

2．用户登录功能

用户登录功能的 View 层主要由 login.jsp，check.jsp 和 cookie.jsp 页面组成。其中的 check.jsp 是对登录验证码的验证文件，而 cookie.jsp 是用户成功登录后将用户信息保存在 cookie 中的操作。由于用户注册功能已经给出完整的 JSP 页面程序，已经让读者了解到"冰鱼论坛管理系统"中表格、单元格等界面元素的处理，因此在后面所谈及的 JSP 页面将没有必要以完整的程序出现，而是将 JSP 页面中核心的部分展示给读者。首先，login.jsp 主要是由一个表单 Form 组成，如程序 6-10 所示。

程序 6-10　login.jsp（片段）

```
<form method="post" name="userlogin" action="check.jsp">
<table width="100%" vlign="center" border="1" bordercolorlight="#7777ff"
```

```
                       bordercolordark="#7777ff" style="border-collapse:collapse">
<tr>
    <td colspan="2" height="25" align="center" background= "images/skin/1/ bg_td.gif"><b>
        <font color="#ffffff">请输入您的用户名、论坛密码登录</font></b></td>
</tr>
<tr bgcolor="#dff2ed">
    <td width="30%" height="35">请输入您的用户名</td><td> <input type="text"
        name="user_name" size="24">  <a class=zh href="reg.jsp">没有注册？</a></td>
</tr>
<tr bgcolor="#dff2ed">
    <td width="30%" height="35">请输入您的论坛密码</td><td> <input type="password"
        name="user_password" size="26">  <a class=zh href="">忘记密码？</a></td>
</tr>
<tr bgcolor="#dff2ed">
    <td width="30%" height="35">请输入验证码: </td><td> <input name="checknumber"
        type="text" maxlength="4" size="6"> <img border=0 src="image.jsp"></td>
</tr>
<tr bgcolor="#dff2ed">
    <td width="30%"><b>Cookie 选项</b><br>请选择您的 Cookie 保存时间, 下次访问可以方便输入。</td>
    <td><input type="radio" name="save_login" value="no_time" checked>不保存, 关闭浏览器就失效<br>
    <input type="radio" name="save_login" value="one_day">保存一天<br>
    <input type="radio" name="save_login" value="one_month">保存一月<br>
    <input type="radio" name="save_login" value="one_year">保存一年</td>
</tr>
<tr>
    <td colspan="2" height="25" align="center" background="images/skin/1/ bg_td.gif">
        <input type="submit" onclick="CheckLogin()" value="登录">   
        <input type="reset" value="重 填"></td>
</tr>
</table>
</form>
```

单击"登录"按钮后, 转向 check.jsp 页面, 验证用户所输入的验证码是否正确。验证码的作用主要是防止论坛灌水机(自动发布广告帖的软件)。检验验证码是否正确的实现方法如程序 6-11 所示。

程序 6-11　check.jsp (片段)

```
String rand=(String)session.getAttribute("rand");        // 获取登录页面中由论坛随机生成的验证码
String checknumber=request.getParameter("checknumber");  // 获取由用户输入的验证码
String user_name=request.getParameter("user_name");
String user_password=request.getParameter("user_password");
String save_login=request.getParameter("save_login");    // 获取用户选择保存 cookie 的期限
String sURL="LoginServlet?user_name=" + user_name + "&save_login=" + save_login +
        "&user_password=" + user_password;
sURL=new String(sURL.getBytes("GBK"),"ISO8859_1");       // 处理中文字符问题
// 检验验证码是否正确, 若正确, 则将用户登录信息传向 Control 层处理
if (rand.equals(checknumber)) {
    response.sendRedirect(sURL);
}
```

```
    else {
%>
    <script>alert('对不起，您所输入的验证码错误，请重新输入正确的验证码！');history.back();</script>
<%
    }
%>
```

Control 层中的 LoginServlet 实现方法与用户注册的 AddUserServlet 实现相似，完整的代码如程序 6-12 所示。

程序 6-12　LoginServlet.java

```java
package net.icefish.servlet;
import net.icefish.bean.*;
import java.net.*;
import java.io.IOException;
import java.io.PrintWriter;
import javax.servlet.*;
import javax.servlet.http.*;
public class LoginServlet extends HttpServlet {
    public void init(ServletConfig config) throws ServletException {
        super.init(config);
    }
    public void destroy() {
        super.destroy();
    }
    protected void doGet(HttpServletRequest request, HttpServletResponse response)
                                                throws ServletException, IOException {
        doPost(request, response);
    }
    protected void doPost(HttpServletRequest request, HttpServletResponse response)
                                                throws ServletException, IOException {
        response.setContentType("text/html;charset=GB2312");
        request.setCharacterEncoding("GB2312");
        PrintWriter out=response.getWriter();
        HttpSession session=request.getSession(true);
        String save_login=request.getParameter("save_login");        // 获取保存 cookie 时间选择
        String user_name=request.getParameter("user_name");          // 获取登录用户名
        String user_password=request.getParameter("user_password");  // 获取登录密码
        // 用户登录验证，封装登录信息，再进行数据库查询
        UserDataBean udb=new UserDataBean();
        UserBean userBean=new UserBean();
        userBean.setUser_Name(user_name);
        userBean.setUser_Password(user_password);
        boolean result=udb.loginUser(userBean);                      // 返回查询结果
        if(result){                                  // 如果数据库中存在该用户，则进行 cookie 处理
            String str_user_name = URLEncoder.encode(user_name);
            Cookie user_name_cookie = new Cookie("icefish_user_name", str_user_name);
            Cookie user_password_cookie=new Cookie ("icefish_user_password", user_password);
            if(save_login==null){                        // 为避免空指针异常，建议保留此处
```

```
        }
        else if(save_login.equals("no_time")) {
            user_name_cookie.setMaxAge(0);
            user_password_cookie.setMaxAge(0);
            response.addCookie(user_name_cookie);
            response.addCookie(user_password_cookie);
        }
        else if(save_login.equals("one_day")){      // 选择保存 cookie 一天
            int oneday=60*60*24;                     // cookie 保存期限是以秒为单位计算的
            user_name_cookie.setMaxAge(oneday);
            user_password_cookie.setMaxAge(oneday);
            response.addCookie(user_name_cookie);
            response.addCookie(user_password_cookie);
        }
        else if(save_login.equals("one_month")){  //保存 cookie 一个月
            int onemonth=60*60*24*31;
            user_name_cookie.setMaxAge(onemonth);
            user_password_cookie.setMaxAge(onemonth);
            response.addCookie(user_name_cookie);
            response.addCookie(user_password_cookie);
        }
        else if(save_login.equals("one_year")){  //保存 cookie 一年
            int oneyear=60*60*24*365;
            user_name_cookie.setMaxAge(oneyear);
            user_password_cookie.setMaxAge(oneyear);
            response.addCookie(user_name_cookie);
            response.addCookie(user_password_cookie);
        }
        RequestDispatcher rd = request.getRequestDispatcher ("index.jsp?
                    login=pass&user_name="+user_name+"&user_password="+user_password);
        rd.forward(request, response);
    }
    else{
        out.println("<script>alert('登录失败，用户名或密码错误!!!');
                                        this.location.href='index.jsp';</script>");
    }
    }
}
```

Model 层的 UserBean 程序已经在上面给出，这里只需对 UserDataBean 进行适当修改，实现登录时从数据库中检验用户信息是否都符合，这里加入方法 loginUser()，如程序 6-13 所示。

程序 6-13　UserDataBean.java（片段）

```
// 登录时验证用户名与密码是否能通过
public boolean loginUser(UserBean userBean) {
    boolean flag=false;

    String user_name=userBean.getUser_Name();
    String user_password=userBean.getUser_Password();
```

```
    Statement stmt=null;
    try{
        stmt=conn.createStatement();
        ResultSet rs=stmt.executeQuery("SELECT * FROM icefish_user  WHERE user_name='"+user_name
                            + "' and user_password='" + user_password + "'");
        if(!rs.next()) {
            flag=false;
        }
        else {
            flag=true;
        }
        rs.close();
        stmt.close();
        conn.close();
    }
    catch(SQLException e) {
        flag=false;
        System.out.println(e.toString());
    }
    return flag;
}
```

在 web.xml 中配置 Servlet 路径，如程序 6-14 所示。

程序 6-14：web.xml（片段）

```
<servlet>
    <servlet-name>LoginServlet</servlet-name>
    <servlet-class>net.icefish.servlet.LoginServlet</servlet-class>
</servlet>
<servlet-mapping>
    <servlet-name>LoginServlet</servlet-name>
    <url-pattern>/LoginServlet</url-pattern>
</servlet-mapping>
```

6.4.4   版块管理子系统实现

版块管理子系统实现后台对版块的增、删、改管理。View 层关于增、删、改的操作主要由 admin_addboard.jsp，admin_editboard.jsp 和 admin_delboard.jsp 页面组成。Control 层主要由 BoardServlet 实现，Model 层主要由 BoardBean 和 BoardDataBean 实现。由于前面的用户注册登录功能已经详细讲解了 MVC 模式的实现方法，这里不再重复讲解，只给出程序代码让读者自己理解。

首先，实现一个用来查询数据库中所有结果的 IndexBean.java 文件，该文件可用于查询所有版块、用户或帖子等数据信息，完整代码如程序 6-15 所示。

程序 6-15   IndexBean.java

```
package net.icefish.bean;
import java.sql.*;
import net.icefish.bean.Conn;
```

```java
public class IndexBean {
    private Connection conn;
    private ResultSet rs;
    public IndexBean() {
        this.conn=Conn.connection();
    }
    public ResultSet executeSQL(String sql) {
        try {
            Statement stmt = conn.createStatement();          // 语句接口
            rs = stmt.executeQuery(sql);                       // 获得结果集
        }
        catch(SQLException e) {
            System.out.print(e.toString());
        }
        return rs;
    }
    public void close(){
        try {
            conn.close();
        }
        catch(SQLException e) {
            System.out.print(e.toString());
        }
    }
}
```

接着，将数据库中论坛版块列表显示出来，以便用户进行操作，如添加、修改、删除。列表显示由页面 admin_board.jsp 完成，如程序 6-16 所示。

程序 6-16　admin_board.jsp（片段）

```jsp
<%@page import="java.sql.*"%>
<jsp:useBean id="indexBean" scope="page" class= "net.icefish.bean.IndexBean" />
<%
    String sql1="select * from icefish_board WHERE board_isMother='true' order by board_id asc";
    ResultSet rs1=null;
    rs1=indexBean.executeSQL(sql1);
%>
<table cellpadding=3 cellspacing=1 align=center class="tableBorder" style="width:96%">
<tr align=center>
    <td width="50%" height=25 background="../images/skin/1/bg_td.gif"><font color="#ffffff">
            <b>论坛版块</b></font></td>
    <td width="50%" colspan="2" height=25 background= "../images/skin/1/ bg_td.gif">
            <font color="#ffffff"><b>版块操作</b></font></td>
</tr>
<%
    while(rs1.next()) {
        String board_id=rs1.getString("board_id");
%>
<tr height="25">
```

```
    <td width="50%" class="forumRowHighlight"> <img src="../images/ plus.gif">
                     <b><%=rs1.getString("board_name")%></b></td>
    <td width="25%" class="forumRowHighlight"><a class=zh href= "admin_editboard. jsp?board_id=
                    <%=rs1.getString("board_id")%>">编辑该版块</a></td>
    <td width="25%" class="forumRowHighlight"><a class=zh href= "admin_delboard. jsp?board_id=
                    <%=rs1.getString("board_id")%>">删除该版块</a></td>
</tr>
<%
    String sql2="select * from icefish_board WHERE board_bid="+board_id+" order by board_id asc";
    ResultSet rs2=null;
    rs2=indexBean.executeSQL(sql2);
    while(rs2.next()) {

%>
<tr height="25">
    <td width="50%" class="Forumrow">    <img src= "../images/
                    nofollow.gif"> <%=rs2.getString("board_name")%></td>
    <td width="25%" class="Forumrow"><a class=zh href= "admin_editboard. jsp?board_id=
                    <%=rs2.getString("board_id")%>">编辑该版块</a></td>
    <td width="25%" class="Forumrow"><a class=zh href= "admin_delboard. jsp?board_id=
                    <%=rs2.getString("board_id")%>">删除该版块</a></td>
</tr>
<%
    }
    rs2.close();
    }
    rs1.close();
    indexBean.close();
%>
</table>
```

添加新版块页面 admin_addboard.jsp，如程序 6-17 所示。

程序 6-17   admin_addboard.jsp（片段）

```
<%@page import="java.sql.*"%>
<jsp:useBean id="indexBean" scope="page" class= "net.icefish.bean.IndexBean"/>
<form name="addboard" method="post" action="BoardServlet?action=add">
<table cellpadding=3 cellspacing=1 align=center class="tableBorder" style="width:96%">
<tr>
    <td class="Forumrow" width="40%">论坛名称</td>
    <td class="Forumrow" width="60%"><input type="text" name="board_name" size="26"></td>
</tr>
<tr>
    <td class="Forumrow" width="40%">版面说明<br>可以使用 HTML 代码</td>
    <td class="Forumrow" width="60%"><textarea rows="4" name="board_info"
                    cols="31"></textarea></td>
</tr>
<tr>
    <td class="Forumrow" width="40%">所属版块</td>
    <td class="Forumrow" width="60%"><select name="board_bid"><option value="">论坛分类一级版块
```

```
<%
    String sql3="select * from icefish_board WHERE board_isMother='true' order by board_id asc";
    ResultSet rs3=null;
    rs3=indexBean.executeSQL(sql3);
    while(rs3.next()) {
%>
<option value="<%=rs3.getString("board_id")%>"><%=rs3.getString ("board_name")%>
<%
    }
    rs3.close();
    indexBean.close();
%>
</select></td>
</tr>
<tr>
    <td class="Forumrow" width="40%">论坛版主<br>请注意填写正确的版主名称，否则所设的版主将无效</td>
    <td class="Forumrow" width="60%"><input type="text" name="board_master" size="26"></td>
</tr>
<tr>
    <td class="Forumrow" width="40%"></td>
    <td class="Forumrow" width="60%"><input type="submit" value="添加版块"
                        onclick="AddBoard()"></td>
</tr>
</table>
</form>
```

修改版块信息页面 admin_editboard.jsp，如程序 6-18 所示。

程序 6-18   admin_editbaord.jsp（片段）

```
<form name="addboard" method="post"
            action="BoardServlet? action= edit&board_id=<%=rs1.getString("board_id")%>">
<table cellpadding=3 cellspacing=1 align=center class="tableBorder" style="width:96%">
<tr>
    <td class="Forumrow" width="40%">论坛名称</td>
    <td class="Forumrow" width="60%"><input type="text" name="board_name" size="26"
                        value=<%=rs1.getString("board_name")%>></td>
</tr>
<tr>
    <td class="Forumrow" width="40%">版面说明<br>可以使用 HTML 代码</td>
    <td class="Forumrow" width="60%"><textarea rows="4" name="board_info"
                        cols="31"><%=rs1.getString("board_info")%></textarea></td>
</tr>
<tr>
    <td class="Forumrow" width="40%">所属版块</td>
    <td class="Forumrow" width="60%"><select name="board_bid"><option value= "">论坛分类一级版块
<%
    String sql3="select * from icefish_board WHERE board_isMother='true' order by board_id asc";
    ResultSet rs3=null;
    rs3=indexBean.executeSQL(sql3);
```

```
        while(rs3.next()) {
%>
<option value="<%=rs3.getString("board_id")%>" <%
        if (rs3.getString("board_id").equals(rs1.getString("board_bid"))) { %>
            selected <% } %> > <%=rs3.getString("board_name")%>
<%
        }
        rs3.close();
%>
</select></td>
</tr>
<tr>
    <td class="Forumrow" width="40%">论坛版主<br>请注意填写正确的版主名称, 否则所设的版主将无效</td>
    <td class="Forumrow" width="60%"><input type="text" name="board_master" size="26"
                    value=<%=rs1.getString("board_master")%>></td>
</tr>
<tr>
    <td class="Forumrow" width="40%"></td>
    <td class="Forumrow" width="60%"><input type="submit" value="修改版块"
                    onclick="AddBoard()"></td>
</tr>
</table>
</form>
```

删除版块页面 admin_delboard.jsp，如程序 6-19 所示。

程序 6-19 admin_delboard.jsp（片段）

```
<%@page import="java.sql.*"%>
<jsp:useBean id="indexBean" scope="page" class= "net.icefish.bean.IndexBean" />
<%
    request.setCharacterEncoding("gb2312");
    String board_id=request.getParameter("board_id");
    String sql1="select * from icefish_board WHERE board_id="+board_id;
    ResultSet rs1=null;
    rs1=indexBean.executeSQL(sql1);
    while(rs1.next()) {
%>
<form name="addboard" method="post" action="BoardServlet? action = del& board_id=
                                    <%=rs1.getString("board_id")%>&board_isMother=
<%=rs1.getString("board_isMother")%>">
<table cellpadding=3 cellspacing=1 align=center class="tableBorder" style="width:96%">
<tr>
    <td class="Forumrow" width="40%">论坛名称</td>
    <td class="Forumrow" width="60%"> <font color="#0000ff"><%= rs1. getString("board_
                    name")%></font></td>
</tr>
<tr>
    <td class="Forumrow" width="40%">版面说明<br>可以使用 HTML 代码</td>
    <td class="Forumrow" width="60%"> <font color="#0000ff"><%= rs1. getString("board_
```

```
                        info")%></font></td>
    </tr>
    <tr>
      <td class="Forumrow" width="40%">所属版块</td>
      <td class="Forumrow" width="60%"> <font color="#0000ff"><%= rs1.getString("board_
                        mother")%></font></td>
    </tr>
    <tr>
      <td class="Forumrow" width="40%">论坛版主<br>请注意填写正确的版主名称，否则所设的版主将无效</td>
      <td class="Forumrow" width="60%"> <font color="#0000ff">
                        <%= rs1. getString ("board_master")%></font></td>
    </tr>
    <tr>
      <td class="Forumrow" width="40%"></td>
      <td class="Forumrow" width="60%"><input type="submit" value="删除该版块"></td>
    </tr>
    </table>
    </form>
<%
    }
    rs1.close();
    indexBean.close();
%>
```

  Control 层处理从 JSP 页面表单中获得的信息，并判断要处理版块的 action 行为（增、删、改），执行相应的程序。完整代码如程序 6-20 所示。

程序 6-20　BoardServlet.java

```java
package net.icefish.servlet;
import net.icefish.bean.*;
import java.io.IOException;
import java.io.PrintWriter;
import javax.servlet.*;
import javax.servlet.http.*;
public class BoardServlet extends HttpServlet {
    public void init(ServletConfig config) throws ServletException {
        super.init(config);
    }
    public void destroy() {
        super.destroy();
    }
    protected void doGet(HttpServletRequest request, HttpServletResponse response)
                                            throws ServletException, IOException {
        doPost(request, response);
    }
    protected void doPost(HttpServletRequest request, HttpServletResponse response)
                                            throws ServletException, IOException {
        response.setContentType("text/html;charset=GB2312");
        request.setCharacterEncoding("GB2312");
```

```
PrintWriter out=response.getWriter();
String action=request.getParameter("action"); // 获取 action 以便后面判断下一步的操作
BoardDataBean bdb=new BoardDataBean();
BoardBean bb=new BoardBean();
if(action.equals("add")){                              // 判断 action 为 add，则执行添加新版块的操作
    String board_name=request.getParameter("board_name");
    String board_info=request.getParameter("board_info");
    String board_master=request.getParameter("board_master");
    String board_bid=request.getParameter("board_bid");
    if(board_bid.equals("")){          // 判断是否有母版块 ID，若没有，则新加的版块作为母版块
        bb.setBoard_Name(board_name);
        bb.setBoard_Info(board_info);
        bb.setBoard_Master(board_master);
        bb.setBoard_IsMother(true);
        boolean result=bdb.addBoard(bb);              // 返回添加版块的结果
        if(result) {
            out.println("<script>alert('添加新版块成功！'); \
                                location.href='admin_board.jsp';</script>");
        }
        else {
            out.println("<script>alert('添加新版块失败！请输入正确的信息再单击添加。'); \
                                window.location.reload();</script>");
        }
    }
    else{                          // 若获得的母版块 ID 不为空，则说明管理员添加的版块是子版块
        bb.setBoard_Name(board_name);
        bb.setBoard_Info(board_info);
        bb.setBoard_Master(board_master);
        bb.setBoard_IsMother(false);
        bb.setBoard_BID(board_bid);
        boolean result=bdb.addBoard(bb);    //返回添加版块的结果
        if(result) {
            out.println("<script>alert('添加新版块成功！'); \
                                location. href='admin_board.jsp';</script>");
        }
        else {
            out.println("<script>alert('添加新版块失败！请输入正确的信息再单击添加。'); \
                                window.location.reload();</script>");
        }
    }
}
else if(action.equals("edit")){ // 判断 action 为 edit，则执行修改版块信息的操作
    String board_id=request.getParameter("board_id");
    String board_name=request.getParameter("board_name");
    String board_info=request.getParameter("board_info");
    String board_master=request.getParameter("board_master");
    String board_bid=request.getParameter("board_bid");
    if(board_bid.equals("")) {
        bb.setBoard_ID(board_id);
```

```
        bb.setBoard_Name(board_name);
        bb.setBoard_Info(board_info);
        bb.setBoard_Master(board_master);
        bb.setBoard_IsMother(true);
        boolean result=bdb.editBoard(bb);
        if(result){
            out.println("<script>alert('修改版块成功！'); \
                                    location.href='admin_board.jsp';</script>");
        }
        else{
            out.println("<script>alert('修改版块失败！请输入正确的信息再单击添加。'); \
                                    window.location.reload(); </script>");
        }
    }
    else {
        bb.setBoard_ID(board_id);
        bb.setBoard_Name(board_name);
        bb.setBoard_Info(board_info);
        bb.setBoard_Master(board_master);
        bb.setBoard_IsMother(false);
        bb.setBoard_BID(board_bid);
        boolean result=bdb.editBoard(bb);
        if(result){
            out.println("<script>alert('修改版块成功！'); \
                                    location.href= 'admin_board.jsp';</script>");
        }
        else{
            out.println("<script>alert('修改版块失败！请输入正确的信息再单击添加。'); \
                                    window.location.reload();</script>");
        }
    }
}
else if(action.equals("del")){        // 判断 action 为 del，则执行删除版块的操作
    String board_id=request.getParameter("board_id");
    String board_isMother=request.getParameter("board_isMother");
    if(board_isMother.equals("true")) {
        bb.setBoard_IsMother(true);
        bb.setBoard_ID(board_id);
        boolean result=bdb.delBoard(bb);
        if(result) {
            out.println("<script>alert('删除版块成功！'); \
                                    location. href='admin_board.jsp';</script>");
        }
        else {
            out.println("<script>alert('删除版块失败！请再试一次。'); \
                                    window.location.reload();</script>");
        }
    }
    else{
```

```
            bb.setBoard_IsMother(false);
            bb.setBoard_ID(board_id);
            boolean result=bdb.delBoard(bb);
            if(result){
                out.println("<script>alert('删除版块成功！');
                                        location. href='admin_board.jsp';</script>");
            }
            else {
                out.println("<script>alert('删除版块失败！请再试一次。');
                                        window.location.reload();</script>");
            }
        }
    }
}
```

Model 层主要封装版块信息和封装所有对版块进行操作的 SQL 语句，由 BoardBean 和 BoardDataBean 实现。完整的代码如程序 6-21 和程序 6-22 所示。

程序 6-21　BoardBean.java

```
package net.icefish.bean;
public class BoardBean {
    private String board_name;
    private String board_info;
    private String board_id;
    private String board_bid;
    private String board_master;
    private boolean board_isMother;
    private String board_postnum;
    private String board_topicnum;
    private String board_lastreply;
    private String board_todaynum;
    private String board_img;
    public BoardBean(){
        board_name=null;
        board_info=null;
        board_master=null;
        board_bid=null;
        board_isMother=true;
    }
    public String getBoard_ID(){
        return board_id;
    }
    public void setBoard_ID(String board_id){
        this.board_id=board_id;
    }
    public String getBoard_Name(){
        return board_name;
    }
}
```

```java
public void setBoard_Name(String board_name){
    this.board_name=board_name;
}
public String getBoard_Info(){
    return board_info;
}
public void setBoard_Info(String board_info){
    this.board_info=board_info;
}
public String getBoard_BID(){
    return board_bid;
}
public void setBoard_BID(String board_bid){
    this.board_bid=board_bid;
}
public String getBoard_Master(){
    return board_master;
}
public void setBoard_Master(String board_master){
    this.board_master=board_master;
}
public boolean getBoard_IsMother(){
    return board_isMother;
}
public void setBoard_IsMother(boolean board_isMother){
    this.board_isMother=board_isMother;
}
public String getBoard_Postnum(){
    return board_postnum;
}
public void setBoard_Postnum(String board_postnum){
    this.board_postnum=board_postnum;
}
public String getBoard_Topicnum(){
    return board_topicnum;
}
public void setBoard_Topicnum(String board_topicnum){
    this.board_topicnum=board_topicnum;
}
public String getBoard_Todaynum(){
    return board_todaynum;
}
public void setBoard_Todaynum(String board_todaynum){
    this.board_todaynum=board_todaynum;
}
public String getBoard_Lastreply(){
    return board_lastreply;
}
public void setBoard_Lastreply(String board_lastreply){
```

```
            this.board_lastreply=board_lastreply;
        }
        public String getBoard_Img(){
            return board_img;
        }
        public void setBoard_Img(String board_img){
            this.board_img=board_img;
        }
    }
```

程序 6-22　BoardDataBean.java

```java
package net.icefish.bean;
import java.sql.*;
import net.icefish.bean.Conn;
import net.icefish.bean.BoardBean;
public class BoardDataBean {
    private Connection conn;
    public BoardDataBean(){
        this.conn=Conn.connection();                    // 调用 Conn 连接数据库
    }
    //增加新版块
    public boolean addBoard(BoardBean boardBean) {
        boolean flag=false;
        boolean board_isMother=boardBean.getBoard_IsMother();
        if(board_isMother) {
            PreparedStatement pstmt1=null;
            try{
                pstmt1=conn.prepareStatement("INSERT INTO icefish_board (board_name, board_info,
                        board_isMother, board_master, board_postnum, board_topicnum,
                        board_todaynum) VALUES (?,?,'true',?,0,0,0)");
                pstmt1.setString(1, boardBean.getBoard_Name());
                pstmt1.setString(2, boardBean.getBoard_Info());
                pstmt1.setString(3, boardBean.getBoard_Master());
                int result1=pstmt1.executeUpdate();
                if (result1 > 0){
                    flag = true;
                }
                else {
                    flag = false;
                }
                pstmt1.close();
                conn.close();
            }
            catch(SQLException e) {
                flag=false;
                System.out.println(e.toString());
            }
        }
        else {
```

```java
        PreparedStatement pstmt1=null;
        try {
            pstmt1=conn.prepareStatement("INSERT INTO icefish_board (board_name, board_info,
                    board_isMother, board_master, board_bid, board_postnum, board_topicnum,
                    board_todaynum) VALUES(?,?,'false',?,?,0,0,0)");
            pstmt1.setString(1, boardBean.getBoard_Name());
            pstmt1.setString(2, boardBean.getBoard_Info());
            pstmt1.setString(3, boardBean.getBoard_Master());
            pstmt1.setString(4, boardBean.getBoard_BID());
            int result1=pstmt1.executeUpdate();
            if (result1 > 0) {
                flag = true;
            }
            else {
                flag = false;
            }
            pstmt1.close();
            conn.close();
        }
        catch(SQLException e) {
            flag=false;
            System.out.println(e.toString());
        }
    }
    return flag;
}
// 修改版块信息
public boolean editBoard(BoardBean boardBean){
    boolean flag=false;
    boolean board_isMother=boardBean.getBoard_IsMother();
    if(board_isMother) {
        PreparedStatement pstmt1=null;
        try {
            pstmt1=conn.prepareStatement("UPDATE icefish_board set board_name= ?,
                    board_info=?, board_isMother='true', board_master = ?, board_postnum=0,
                    board_topicnum=0, board_todaynum=0
                    WHERE board_id=" + boardBean. getBoard_ID() );
            pstmt1.setString(1, boardBean.getBoard_Name());
            pstmt1.setString(2, boardBean.getBoard_Info());
            pstmt1.setString(3, boardBean.getBoard_Master());
            int result1=pstmt1.executeUpdate();
            if (result1 > 0) {
                flag = true;
            }
            else {
                flag = false;
            }
            pstmt1.close();
            conn.close();
```

```
            }
            catch(SQLException e) {
                flag=false;
                System.out.println(e.toString());
            }
        }
        else {
            PreparedStatement pstmt1=null;
            try {
                pstmt1=conn.prepareStatement("UPDATE icefish_board set board_ name=?,
                        board_info=?, board_isMother='false', board_master=?, board_bid=?,
                        board_postnum=0, board_topicnum=0, board_ todaynum=0
                        WHERE board_id=" + boardBean. getBoard_ID() );
                pstmt1.setString(1, boardBean.getBoard_Name());
                pstmt1.setString(2, boardBean.getBoard_Info());
                pstmt1.setString(3, boardBean.getBoard_Master());
                pstmt1.setString(4, boardBean.getBoard_BID());
                int result1=pstmt1.executeUpdate();
                if (result1 > 0) {
                    flag = true;
                }
                else {
                    flag = false;
                }
                pstmt1.close();
                conn.close();
            }
            catch(SQLException e) {
                flag=false;
                System.out.println(e.toString());
            }
        }
        return flag;
    }


// 删除版块
public boolean delBoard(BoardBean boardBean){
    boolean flag=false;
    boolean board_isMother=boardBean.getBoard_IsMother();
    // 如果所删除的版块为论坛一级分类版块, 则连同其下属的子版块也删除, 包括所有帖子
    if(board_isMother){
        PreparedStatement pstmt1=null;
        PreparedStatement pstmt2=null;
        PreparedStatement pstmt3=null;
        PreparedStatement pstmt4=null;
        try {
            pstmt4=conn.prepareStatement("select * from icefish_board where board_bid=?");
            pstmt4.setString(1, boardBean.getBoard_ID());
            ResultSet rs4=pstmt4.executeQuery();
```

```
while(rs4.next()){                        // 删除该版块下所有子版块的全部话题和帖子
    PreparedStatement pstmt5=null;
    pstmt5=conn.prepareStatement("DELETE FROM icefish_topic WHERE topic_boardid=?");
    pstmt5.setString(1, rs4.getString("board_id"));
    int result5=pstmt5.executeUpdate();
    PreparedStatement pstmt6=null;
    pstmt6=conn.prepareStatement("DELETE FROM icefish_post WHERE post_boardid=?");
    pstmt6.setString(1, rs4.getString("board_id"));
    int result6=pstmt6.executeUpdate();
    if (result6>0 && result5>0) {
        flag = true;
    }
    else{
        flag = false;
    }
    pstmt5.close();
    pstmt6.close();
}
pstmt4.close();
// 删除该版块下的所有版块（包括该版块）
pstmt1=conn.prepareStatement("DELETE FROM icefish_board \
                              WHERE board_id=? or board_bid=?");
pstmt1.setString(1, boardBean.getBoard_ID());
pstmt1.setString(2, boardBean.getBoard_ID());
int result1=pstmt1.executeUpdate();
if (result1 > 0) {
    flag = true;
}
else {
    flag = false;
}
pstmt1.close();
// 删除属于该一级版块的所有话题
pstmt2=conn.prepareStatement("delete from icefish_topic where topic_boardid=?");
pstmt2.setString(1, boardBean.getBoard_ID());
int result2=pstmt2.executeUpdate();
// 删除属于该一级版块的所有帖子
pstmt3=conn.prepareStatement("delete from icefish_post where post_boardid=?");
pstmt3.setString(1, boardBean.getBoard_ID());
int result3=pstmt3.executeUpdate();
if (result3>0 && result2>0) {
    flag = true;
}
else {
    flag = false;
}
pstmt2.close();
pstmt3.close();
conn.close();
```

```
            }
        catch(SQLException e) {
            flag=false;
            System.out.println(e.toString());
        }
    }
    else{                              // 若判断所要删除的版块不是一级版块，即为子版块，则执行下面的处理
        PreparedStatement pstmt1=null;
        PreparedStatement pstmt2=null;
        PreparedStatement pstmt3=null;
        try{                           // 删除数据库版块表中该版块信息
            pstmt1=conn.prepareStatement("delete from icefish_board where board_id=?");
            pstmt1.setString(1, boardBean.getBoard_ID());
            int result1=pstmt1.executeUpdate();
            if (result1 > 0) {
                flag = true;
            }
            else {
                flag = false;
            }
            pstmt1.close();
            // 删除该版块下的所有话题
            pstmt2=conn.prepareStatement("delete from icefish_topic where topic_boardid=?");
            pstmt2.setString(1, boardBean.getBoard_ID());
            int result2=pstmt2.executeUpdate();
            if (result2 > 0) {
                flag = true;
            }
            else {
                flag = false;
            }
            pstmt2.close();
            // 删除该版块下的所有帖子
            pstmt3=conn.prepareStatement("delete from icefish_post where post_boardid=?");
            pstmt3.setString(1, boardBean.getBoard_ID());
            int result3=pstmt3.executeUpdate();
            if (result3 > 0) {
                flag = true;
            }
            else {
                flag = false;
            }
            pstmt3.close();
            conn.close();
        }
        catch(SQLException e) {
            flag=false;
            System.out.println(e.toString());
        }
```

```
    }
    return flag;                    // 返回删除结果，若操作成功，返回 true，否则返回 false
  }
}
```

最后，在 web.xml 中配置好 Servlet 路径，如程序 6-23 所示。

程序 6-23   web.xml（片段）

```
<servlet>
    <servlet-name>BoardServlet</servlet-name>
    <servlet-class>net.icefish.servlet.BoardServlet</servlet-class>
</servlet>
<servlet-mapping>
    <servlet-name>BoardServlet</servlet-name>
    <url-pattern>/admin/BoardServlet</url-pattern></servlet-mapping>
```

6.5   系统部署

　　完成整个论坛的代码实现后，用 Eclipse 将所有的 Java 文件编译成 .class 文件才能部署
Web 应用。将编译后的 .class 文件分类放在 WEB-INF/classes 文件夹。

　　论坛的所有文件存放在 icefish 文件夹中，将 icefish 文件夹移至 Tomcat 的 webapps 文件夹。
启动 MySQL 服务、Tomcat，打开 IE 浏览器，在地址栏中输入"http://127.0.0.1:8080/icefish/
index.jsp"，首页如图 6-19 所示。

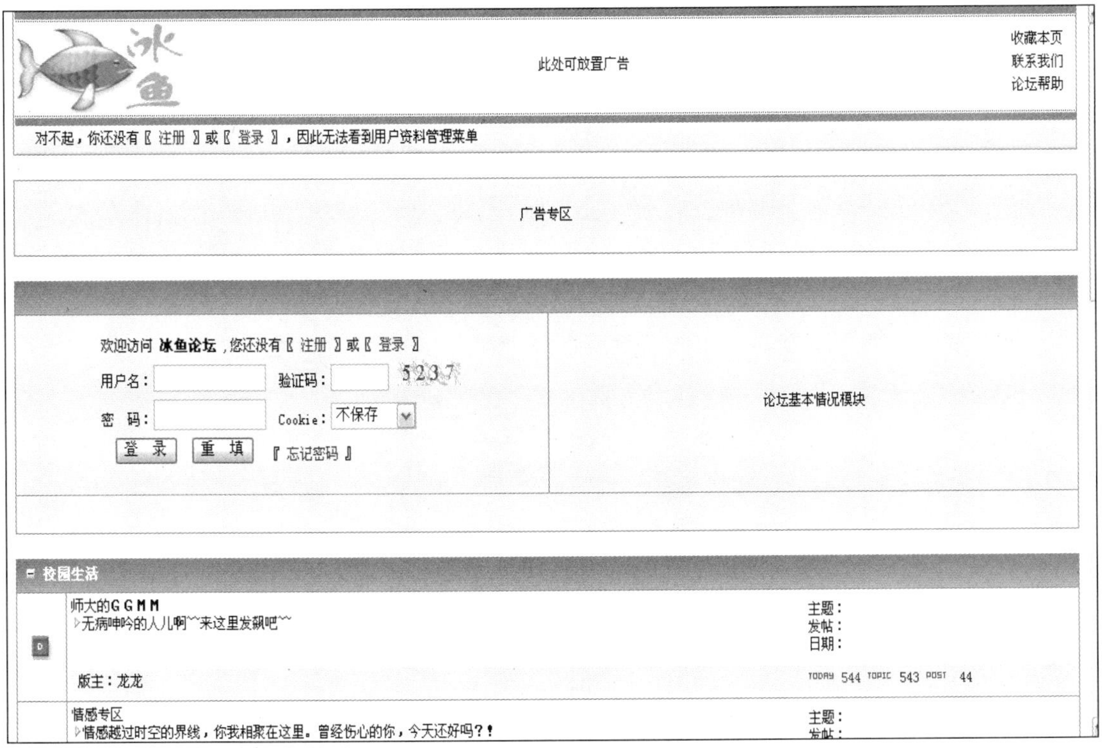

图 6-19   论坛首页

前面实现的"用户注册登录注册"和"版块管理"子系统运行情况如图6-20～图6-25所示。

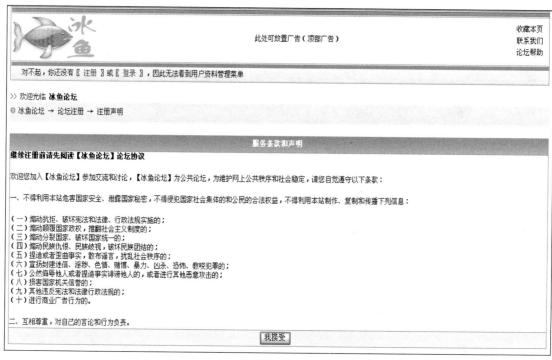

图 6-20 注册协议界面

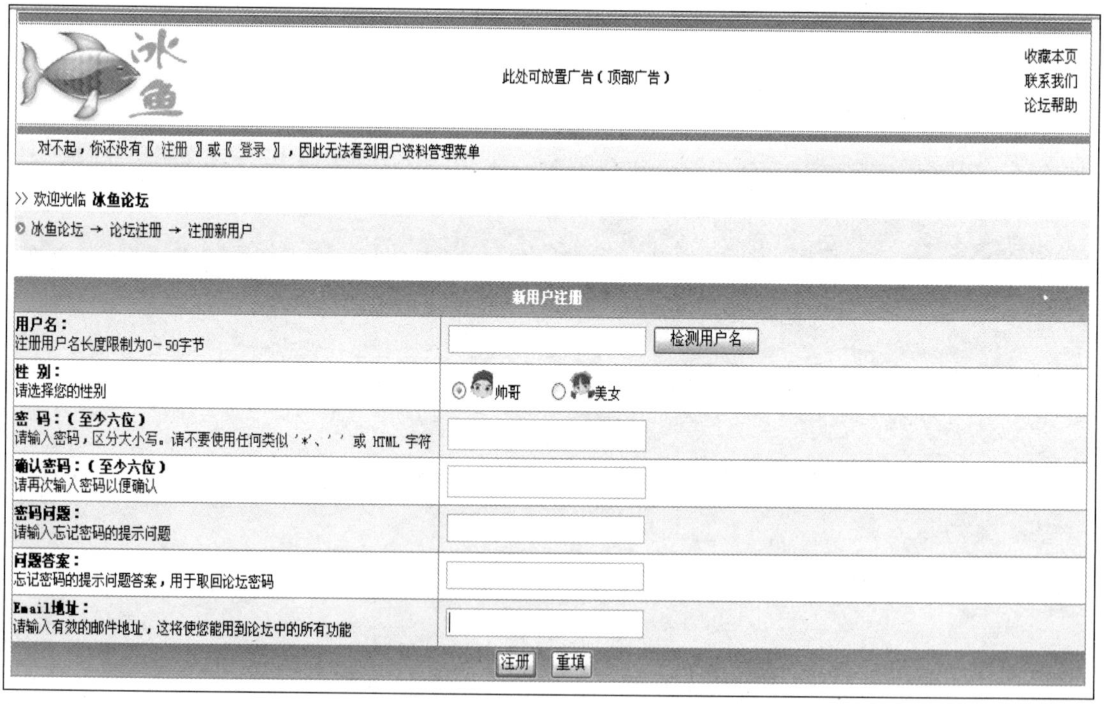

图 6-21 用户注册界面

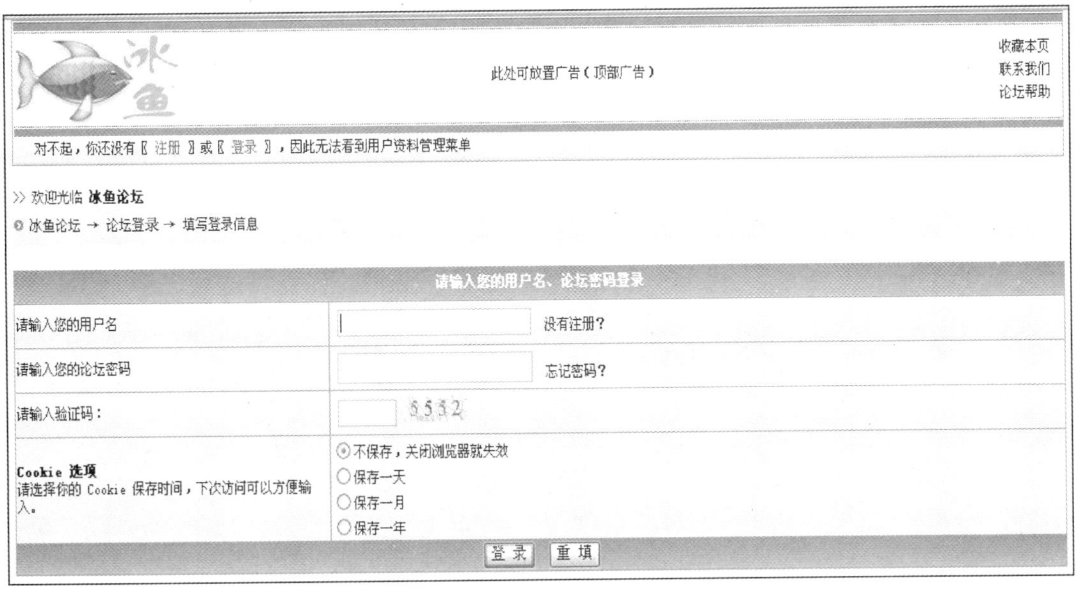

图 6-22　用户登录界面

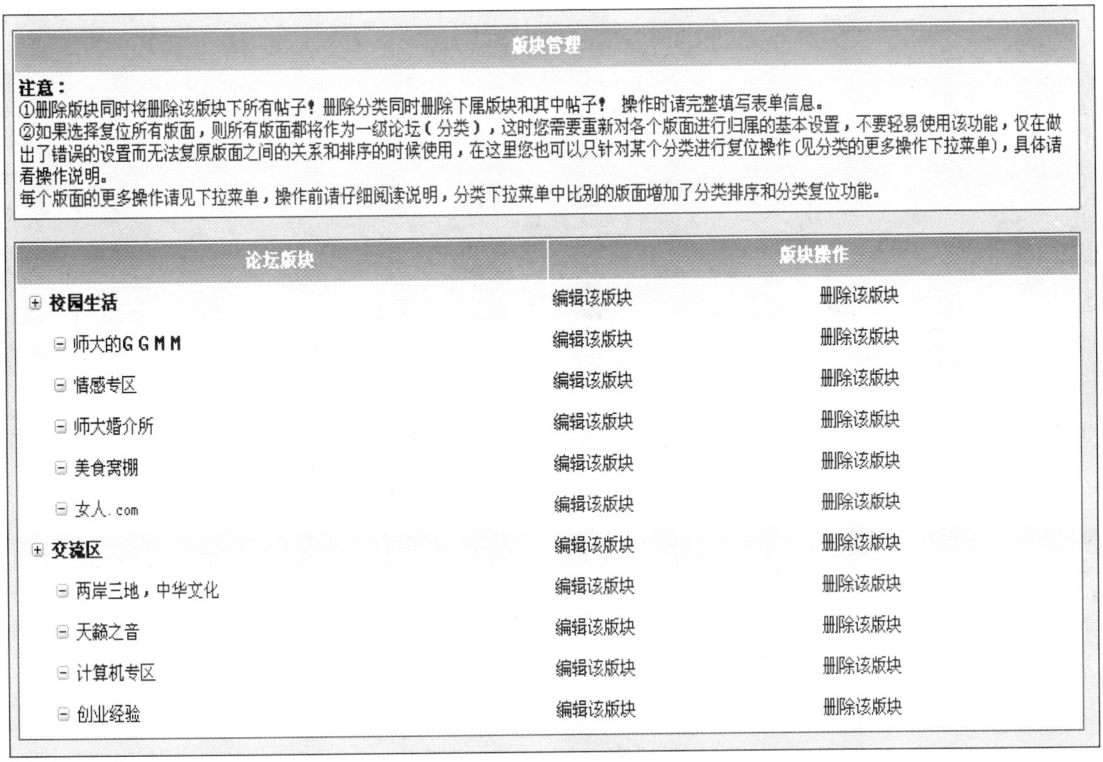

图 6-23　后台版块管理界面

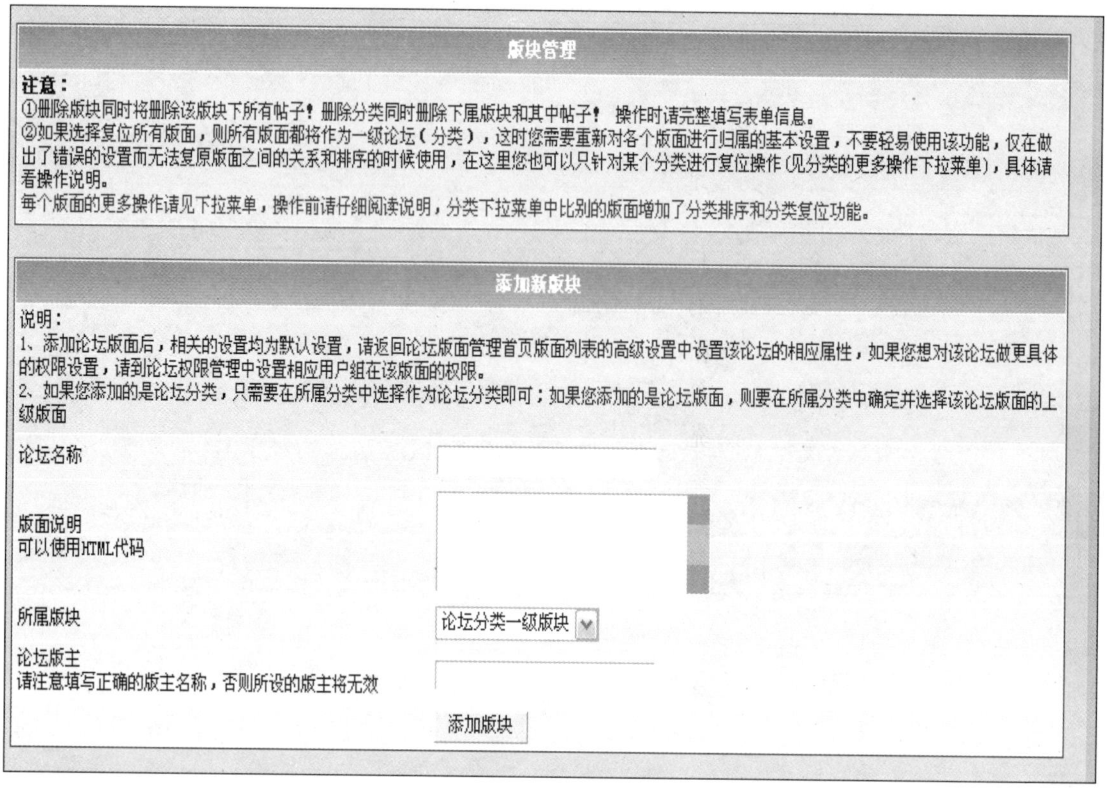

版块管理

注意:
①删除版块同时将删除该版块下所有帖子!删除分类同时删除下属版块和其中帖子! 操作时请完整填写表单信息。
②如果选择复位所有版面,则所有版面都将作为一级论坛(分类),这时您需要重新对各个版面进行归属的基本设置,不要轻易使用该功能,仅在做出了错误的设置而无法复原版面之间的关系和排序的时候使用,在这里您也可以只针对某个分类进行复位操作(见分类的更多操作下拉菜单),具体请看操作说明。
每个版面的更多操作请见下拉菜单,操作前请仔细阅读说明,分类下拉菜单中比别的版面增加了分类排序和分类复位功能。

添加新版块

说明:
1、添加论坛版面后,相关的设置均为默认设置,请返回论坛版面管理首页版面列表的高级设置中设置该论坛的相应属性,如果您想对该论坛做更具体的权限设置,请到论坛权限管理中设置相应用户组在该版面的权限。
2、如果您添加的是论坛分类,只需要在所属分类中选择作为论坛分类即可;如果您添加的是论坛版面,则要在所属分类中确定并选择该论坛版面的上级版面

论坛名称

版面说明
可以使用HTML代码

所属版块　　　　　　　　　　　　论坛分类一级版块 ▾

论坛版主
请注意填写正确的版主名称,否则所设的版主将无效

添加版块

图 6-24　添加版块界面

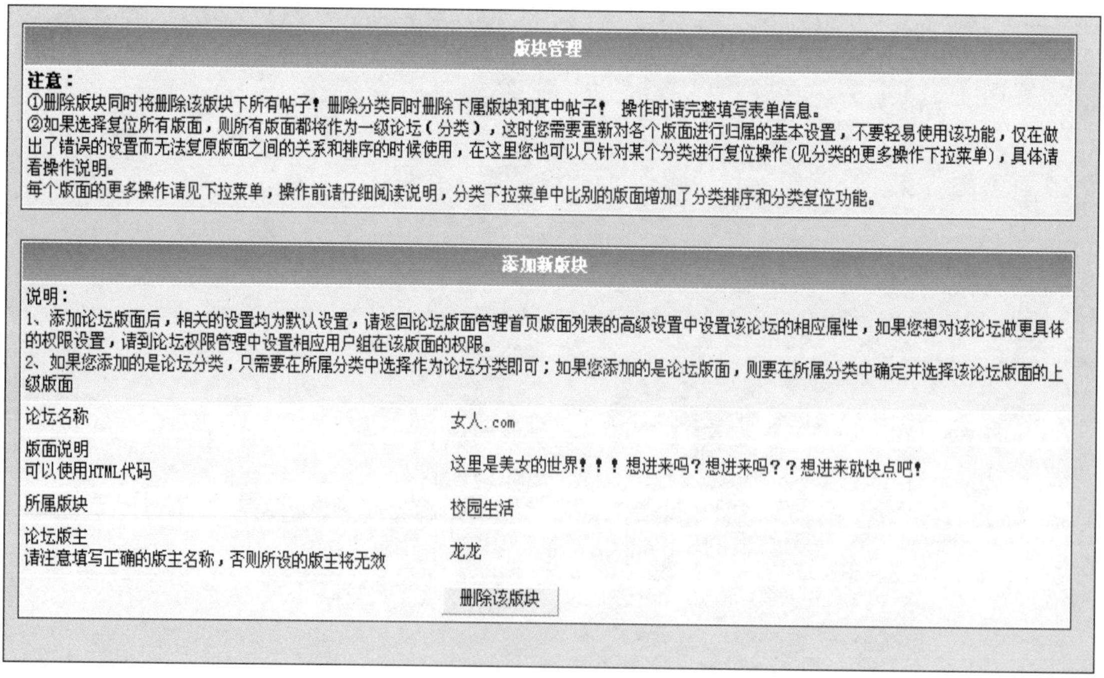

版块管理

注意:
①删除版块同时将删除该版块下所有帖子!删除分类同时删除下属版块和其中帖子! 操作时请完整填写表单信息。
②如果选择复位所有版面,则所有版面都将作为一级论坛(分类),这时您需要重新对各个版面进行归属的基本设置,不要轻易使用该功能,仅在做出了错误的设置而无法复原版面之间的关系和排序的时候使用,在这里您也可以只针对某个分类进行复位操作(见分类的更多操作下拉菜单),具体请看操作说明。
每个版面的更多操作请见下拉菜单,操作前请仔细阅读说明,分类下拉菜单中比别的版面增加了分类排序和分类复位功能。

添加新版块

说明:
1、添加论坛版面后,相关的设置均为默认设置,请返回论坛版面管理首页版面列表的高级设置中设置该论坛的相应属性,如果您想对该论坛做更具体的权限设置,请到论坛权限管理中设置相应用户组在该版面的权限。
2、如果您添加的是论坛分类,只需要在所属分类中选择作为论坛分类即可;如果您添加的是论坛版面,则要在所属分类中确定并选择该论坛版面的上级版面

论坛名称　　　　　　　　　　　　女人.com

版面说明
可以使用HTML代码　　　　　　　这里是美女的世界!!!想进来吗?想进来吗??想进来就快点吧!

所属版块　　　　　　　　　　　　校园生活

论坛版主
请注意填写正确的版主名称,否则所设的版主将无效　　　龙龙

删除该版块

图 6-25　删除版块界面

6.6　结束语

Java EE 多层体系结构较完善地解决了分布式应用系统的架构问题，显著地提高了企业级应用系统的可移植性、可伸缩性、负载平衡和可重用性等。通过对本章的"冰鱼论坛管理系统"案例的分析，会使读者加深对 Java EE 多层体系结构的理解，掌握如何利用 Java EE 平台开发企业级应用系统。本章从面向对象的软件开发过程，到 Java EE 应用系统的 MVC 架构设计、Java EE 开发环境和运行环境的搭建、Java EE 应用系统的部署，都详细地进行了解释。由于篇幅有限，"冰鱼论坛管理系统"只向读者显示了核心部分的实现。但是读者可以举一反三，实现其他功能，并对论坛系统进行功能扩展。关于"冰鱼论坛管理系统"更详细的源程序、界面、运行情况等资料，可以参考本书提供的教学参考资料（可从 http://www.hxedu.com.cn 网站下载，或者扫描附录 A 中的二维码获取）。

本章没有思考题，只有作业题：同学在一起，组成一个项目组，自选一个软件项目，开始需求分析、设计、编码、测试、运行。一切软件开发工作必须在文档的指导下进行。完成项目后，可以向同学及老师汇报。

作为本章的结束语，作者向读者提出"业务基础平台"问题。

业务基础平台（Business Framework）是 21 世纪初才出现的新名字，是 IT 企业开发应用软件的开发环境。设计和实现一个面向某一业务领域的业务基础平台并不难，近年来它发展很快，国内绝大部分软件企业都有自己的业务基础平台，一些软件工程师都拥有自己个人的业务基础平台，甚至少数学生都有私人的业务基础平台，其目的是提高软件的开发效率，增强构件的复用性。。

屏蔽操作系统平台、数据库平台的诸多技术细节，采用面向业务建模来实现软件系统的方法称为面向业务基础平台的方法。其特点是面向业务领域的与技术无关的开发模式。

面向业务基础平台的开发方法本质上仍然是面向元数据方法与面向对象方法的综合运用实例，从软件工程方法论的角度来讲，人们并没有将它作为一种单独的基本方法。

面向业务基础平台的方法的优点如下：有效弥合了开发人员和业务人员之间的沟通鸿沟，使开发人员更多地关注业务部分，开发者与用户双方集中精力弄清原始单证与输出报表之间的关系，建立好系统业务模型，而不是关注实现的技术细节，从而提升了业务基础平台中构件的复用性，避免了开发人员开发相同构件的重复劳动，最终达到提高软件开发速度与改进软件产品质量的目的。

面向业务基础平台的方法的缺点如下：

① 业务基础平台是面向业务行业领域的，不同行业领域之间的通用业务平台标准尚未建立，也较难建立。因此，不同行业领域的软件开发商可能有各自不同的业务基础平台，各平台之间互不兼容。

② 在业务基础平台上开发的软件，必须在该业务基础平台上才能运行。运行某软件，必须先安装该业务基础平台。

附录 A　本书教学资源

本书为读者提供配套的电子课件、文档编写指南、思考题的参考答案、实战项目程序的源代码，均可登录 http://www.hxedu.com.cn 免费下载。

或者扫描如下二维码进行下载。

电子课件

文档编写指南

参考答案

源代码

后　记

　　本书第 1 章是全书的总纲。第 2 章和第 3 章是面向元数据设计与实践的两章。第 4 章和第 5 章是面向对象设计与实践的两章。第 6 章是项目实战化训练的一章。

　　除此之外，作者还有什么事没干完、什么话没交代、什么想法没实现呢？这些事、这些话、这些想法如下。

　　如果有人能将第 1 章中的功能模型、业务模型、数据模型的三个模型建模方法论与第 4 章中的需求分析与 UML 建模思想、软件设计与 UML 建模思想，以及与第 5 章中的 UML 在线建模工具 ProcessOn 相结合，通过一个软件项目的开发实践，写成一本真正的面向对象的软件工程教材或书籍，将会在软件工程界产生重大而深远的影响，也许会将其他许多东拼西凑的面向对象的软件工程教材或书籍全部下架。

　　需要特别提醒的是：在面向对象方法中，模型（如三个模型）总是第一位的，工具（如 UML）总是第二位的，因为工具总是为模型服务的。这既是基本观点，又是普通常识，却被人们忽视了这么多年。

　　以上就是作者最后的知心话。

作　者

参考文献

[1]   赵池龙等．实用软件工程（第 5 版）．北京：电子工业出版社，2020．

[2]   赵池龙．实用数据库教程（第 2 版）．北京：清华大学出版社，2012．

[3]   杨林，赵池龙等．软件工程实践教程（第 2 版）．北京：电子工业出版社，2012．

[4]   朱三元等．软件工程技术概论．北京：科学出版社，2002．

[5]   陈宏刚等．软件开发的科学与艺术．北京：电子工业出版社，2002．

[6]   Dennis M.Ahern．CMMI 精粹——集成化过程改进实用导论．北京：机械工业出版社，
       2002．

[7]   [美] W Boggs 等．UML 与 Rational Rose 2002 从入门到精通．邱仲潘等译．北京：电子
       工业出版社，2002．

[8]   [美] David M Kroenke．数据库处理——基础、设计与实现（第七版）．施伯乐等译．北
       京：机械工业出版社，2001．

[9]   [美] James Rumbaugh．UML 参考手册．姚淑珍，唐发根译．北京：机械工业出版社，
       2001．

[10]   [美] G Booch，J Rumbaugh，I Jacobson．UML 用户指南．邵维忠等译．北京：机械工
       业出版社，2001．

[11]   Zhao Chi-long,Tu Hong-lei,Sun Wei．Integrated Software Engineering Methodology．2009
       International Forum on Information Technology and Applications,15-117 May2009 Chengdu,
       China, Volume-3, P694-698．